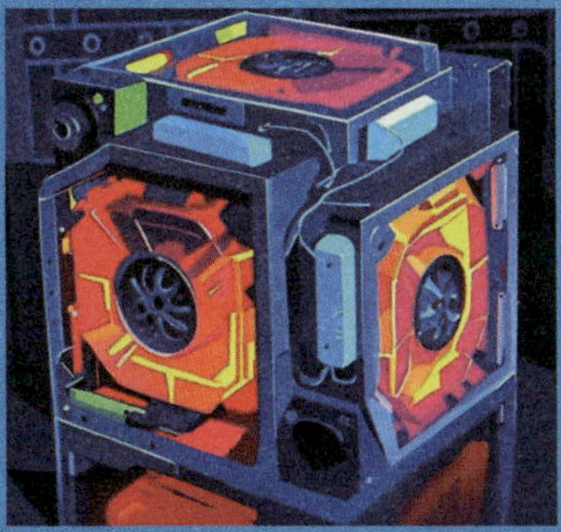

EXPLORING THE WORLD'S
探索世界的惯性导航
INERTIAL NAVIGATION

赵小明 主编

科 学 出 版 社
北 京

内 容 简 介

《探索世界的惯性导航》是一本面向中小学生的科普读物，生动讲述了惯性导航技术的发展历程。与常见的卫星定位导航不同，惯性导航系统既不依赖外界信号输入，也不向外发射信息，仅通过陀螺仪和加速度计测量运动参数，就能实现自主导航定位。这一独特优势使其成为航海、航天、航空等领域不可或缺的导航手段，并正在不断拓展新的应用场景。

本书首先追溯惯性导航的起源，循序渐进地解析其基本原理和发展脉络；接着以“鹦鹉螺”号核潜艇完成人类历史上首次北极穿越航行的壮举为例，展示惯性导航的卓越性能；最后展望这项技术在未来的广阔应用前景。希望这本读物能带领读者走进惯性导航的世界。

图书在版编目（CIP）数据

探索世界的惯性导航 / 赵小明主编. -- 北京 : 科学出版社, 2025. 7. -- ISBN 978-7-03-083046-3

Ⅰ. TN96-49

中国国家版本馆CIP数据核字第2025R8S498号

责任编辑：许寒雪　赵艳春 / 责任校对：魏　谨
责任印制：肖　兴 / 封面设计：郭　媛

科学出版社 出版
北京东黄城根北街16号
邮政编码：100717
http://www.sciencep.com

北京中科印刷有限公司印刷
科学出版社发行　各地新华书店经销

*

2025年7月第　一　版　　开本：720×1000 1/16
2025年7月第一次印刷　　印张：8
字数：120 000

定价：68.00元

（如有印装质量问题，我社负责调换）

探索世界的惯性导航

主　　编　赵小明

副 主 编　肖　乾　陈　刚

编写人员　卢建睿　李　巍　皮燕燕

前 言

在当今科技时代，导航技术早已融入日常生活。人们耳熟能详的几种导航方式——地磁导航、天文导航、卫星导航，极大地便利了我们的生活。然而，这几种导航方式存在一个共同的缺点：依赖外部环境。一旦地球磁场发生异常、夜晚的星星因天气遮蔽而难以观测、人造地球卫星信号受到干扰……这些导航方式就会失效或给出错误的指引。而惯性导航利用物体的惯性测量进行独立自主的导航，不依赖外部环境信息，目前已广泛应用于航海、航天、航空等领域。近年来，随着新兴技术的发展，惯性导航逐渐开始在民用领域大显身手。可以说，惯性导航的使用和发展伴随着人类对“未来世界是什么样”的探索。

本书是为广大中小学生打造的惯性导航技术科普读物。书中，我们将一同追溯这项技术的起源，探索其背后的科学原理与发展历程。书中以“鹦鹉螺”号核潜艇完成人类历史上首次北极穿越航行的史实为例，展现惯性导航的技术优势；以在民用领域的创新应用为切入点，预见惯性导航如何改变未来生活。

本书的参编人员均是长期从事惯性导航领域研究的科技工作者。编者凭借多年来的技术研究、设备设计与试验经验，结合国内外经典科普著作与专业技术文献，最终完成本书编写，旨在将复杂的科学知识转化为通俗易懂的内容，让每一位读者领略惯性导航技术的魅力。

编　者

目　录

第1章 源远流长的惯性导航

1.1　古代的航海导航：智慧的起点 …… 2

1.1.1　地理标志导航：靠山靠水找方向 …… 2

1.1.2　地磁导航：指南针的诞生 …… 3

1.1.3　天文导航：星辰大海的指引 …… 5

1.2　惯性导航：不依赖外界信息的“内在导航” …… 6

1.2.1　陀螺仪：测量地球自转的“神器” …… 7

1.2.2　舒勒原理：惯性导航的一项核心原理 …… 8

1.2.3　V-2 导弹：惯性导航的首次亮相 …… 10

1.3　深海中的“隐形守护者” …… 11

第2章 惯性导航是怎样工作的

2.1　惯性空间 …… 14

2.2　惯性导航中的传感器 …… 15

2.2.1　陀螺仪：捕捉姿态 …… 15

2.2.2　加速度计：感知速度变化 …… 15

2.3　牛顿运动定律与运动测量 …… 16

2.3.1　牛顿运动定律：惯性导航的基石 …… 16

2.3.2　如何利用加速度计测量运动 …… 17

第3章 惯性导航的进化过程

3.1　科技进步令惯性传感器迭代升级 …… 20

3.1.1　机械式器件开天辟地 …… 20

3.1.2　光学式器件成为中流砥柱 …… 25

3.1.3　振动式器件快速发展 …… 27

3.1.4　量子式器件将大有可为 …… 32

3.2 系统结构的演变 …… 32
3.2.1 复杂结构的平台式惯性导航系统 …… 33
3.2.2 简单结构的捷联式惯性导航系统 …… 34
3.3 惯性导航的外援 …… 36
3.3.1 卫星导航 …… 37
3.3.2 天文导航 …… 46
3.3.3 视觉导航 …… 52
3.3.4 声学导航 …… 57
3.3.5 神奇的多源导航组合滤波器 …… 59

第4章
从深海到陆海天空

4.1 冰海潜航 …… 62
4.1.1 “鹦鹉螺”号的北极探险 …… 63
4.1.2 首航成功背后的惯性导航系统 …… 70
4.2 无人航行 …… 72
4.2.1 惯性导航助力无人水面艇 …… 72
4.2.2 惯性导航为无人水下航行器保驾护航 …… 75
4.3 精确制导 …… 79
4.3.1 惯性制导与导弹精度直接相关 …… 79
4.3.2 水面舰艇及武器装备的应用 …… 82
4.3.3 让地面战车如虎添翼 …… 85
4.3.4 智能弹药的崛起 …… 89
4.3.5 未来信息化战争的核心——惯性导航 …… 91

第5章
惯性导航与未来的智能世界

5.1 机器人与惯性导航 …… 94
5.2 交通运输与惯性导航 …… 98
5.3 太空探秘与惯性导航 …… 105
5.4 智能开采与惯性导航 …… 110
5.5 行人导航与惯性导航 …… 113
5.6 手术导航与惯性导航 …… 117

第1章

源远流长的惯性导航

1.1　古代的航海导航：智慧的起点

在人类漫长的历史进程中，古人从洞穴走向陆地，甚至深入广袤的海洋。随着活动空间的不断拓展，人们对导航手段——即通过何种方式准确高效地确定位置——的要求越来越高，这也成为导航技术发展的强大动力。

1.1.1　地理标志导航：靠山靠水找方向

古人外出寻觅食物时，必须依靠观察和记忆来识别周围的自然景物。他们将居住地附近的山峰形态、高地轮廓及河流走向作为外出和回家的参照物，这与现代人以熟悉的高楼、路牌等作为参照物进行导航类似，是最古老、最朴素的地理标志导航，如图 1.1 所示。

图 1.1　地理标志导航示意

随着古人群落规模的壮大，迁徙、狩猎等社会活动的范围急剧扩大，仅靠观测地文特征进行导航，已无法适应复杂的地形和变化的气候。于是，古人随着经验与知识的累积，学会了利用折断树枝、在树皮上做标记、在空旷的区域堆土堆或石块等人工方式进行指引，并逐渐将生活环境的地理信息和路线用符号刻画在树皮、兽皮或岩石上，形成了地图的雏形。

古代波利尼西亚人依靠口口相传的信息在不同的岛屿间航行，通过观察地形地貌特征、季节性天气模式，以及不同岛屿上的动植物物种来确定与目的地的距离。这种导航方式类似于我们在熟悉的环境下通过相对位置关系确定自身位置。郑和下西洋时，便采用了地理标志导航，他以海岸山岭、海上岛屿等作为地标，计算船舶与景物的相对位置。这与历史记载的其船队多数情况下近岸航行的场景相符。详见“三更见茶山在东北边，用巽巳针三更船见大小七山，一路打水六七托，用坤未针及丁未针三更船取滩山”的记载。在大航海时代，迪亚斯、达·伽马等航海先驱在探索新航路时，也常选择沿岸航行，通过路标对景定位以确保船队安全，并相对准确地记录航线。

古代航海者主要依靠以下三种方式进行地理标志导航：一是地理特征定位，利用山头、岛屿、海岸线、特殊地标（如塔、寺庙等）等，推断船只的大致位置；二是航路指南，借助文字记录的航路指南了解所处航路的地文和水文情况；三是沿岸航行，利用岸边的地形特征进行导航。

地理标志导航在古代航海中起到了至关重要的作用。时至今日，尽管现代船舶配备了多种导航系统，但地理标志导航技术仍是海员必备的技能，具有不可替代的地位。

1.1.2 地磁导航：指南针的诞生

在夜晚、恶劣天气情况下，由于人的目视能力有限，地理标志导航无法准确定位。战国时期，在生产活动中，人们发现了一种称为“磁石”的天然矿物，并发现磁石具有吸铁、指极的特性。随后，人们利用磁石发明了指南针，指南针成为我国古代四大发明之一，开启了人类的地磁导航时代。

最早可用于指南的工具叫“司南”，中国古籍很早就有司南的记载。司南采用整块天然磁石为原料，琢磨成勺形，勺底是球形，并使整个勺的重心恰好落在勺底的正中，勺置于光滑的铜盘上，铜盘外方内圆，四周有干支四维，合成二十四向，勺柄作为指向箭头，指向南方，如图1.2

所示。司南的出现，满足了人类不分昼夜、不受天气变化影响地依靠工具进行定向的需求。司南经过古人持续不断地改进演变成指南针。

图 1.2　司　南

指南针的问世，彻底改变了航海的方式，使长途航海变得更加可行和安全。它在探险时代发挥了至关重要的作用，使探险家能够发现新的土地和贸易路线。而后，为了便于航海使用，随着磁偏角的发现，古人将磁针与方位分度盘结合，制作了磁罗盘。根据古籍记载，我国在北宋时期就已经实现了磁罗盘的实用化，使用水浮式指南针（水罗盘）开展导航，而欧洲直到 1190 年后才有使用磁针航海导航的记录。明朝郑和下西洋时，船队从江苏刘家港出发到苏门答腊北端的沿途航线上，使用水罗盘进行导航。明朝嘉靖年间，出现了较为成熟的旱罗盘。旱罗盘在水罗盘的基础上进行改进，利用钉子支在磁针的重心处，支点的摩擦阻力十分小，使得磁针可自由转动，这种罗盘进一步提高了航海导航的便利性。

随着钢铁船舶时代的来临，带有磁性的船体会干扰磁罗盘的方向，从而给磁罗盘带来一种指向偏差——自差。于是，人们又发明了平衡环、自差校正装置，降低了船舶摇摆的影响，克服了船舶磁场的干扰，让磁罗盘更加精确。此外，人们注意到磁罗盘在不同海区具有不同的误差，从而认识到磁极与地极之间的偏差，并由此计算了磁偏角，绘制了等磁差曲线图，将磁差标注到海图上。自差校正与磁差校正，使得磁罗盘最终变成更加精确可靠的且可在现代船舶上应用的磁罗经。

1.1.3 天文导航：星辰大海的指引

除地磁导航外，航海者还有一种强大的工具——日月星辰。他们通过观察太阳、月亮和星星的位置来确定方向。

一千六百多年前，东晋时期一个叫法显的和尚在他写的《佛国记》中有这样一段对船航于海上的描述："大海弥漫天边，不识东西，唯望日月星宿而进。"可见在那个时代基础的天文导航已经在航海中得到了应用。

天文导航是航海中较为重要的导航方式之一，主要通过观察天象来确定船只的位置和航向。在白天，太阳的位置是重要的导航依据。太阳每天从东方升起，西方落下，航海者可以根据太阳的方位判断方向；同时，通过测量太阳的高度角，可以估算船只所处的纬度。在夜晚，星星和月亮是重要的导航标志。星星，特别是北极星，因其距天体北极很近，从地球上看，它的位置几乎不变，是指示北方的可靠标志。航海者通过观测北极星的高度角，可以确定船只所处的纬度。此外，月亮的位置也可以辅助航海者判断方向。由于星座的位置随季节变化而有所不同，航海者也可以根据不同季节的星座分布来确定方向。

中国古代的航海者发明了"过洋牵星术"，这是一种利用牵星板测量星体高度的导航技术。牵星板是一种用硬木制成的小正方形板，通过测量星体与海平面的夹角，航海者可以确定船只的纬度，如图 1.3 所示。例如，当观测到北极星的高度角为 30° 时，船只所处的纬度约为北纬 30° 。此外，航海者还可以使用牵星图和针经图辅助导航。牵星图记录了不同星体在不同纬度下的高度数据，航海者通过对比实际观测结果与图上的数据，可以判断船只的位置和航向。针经图则记录了航线上的航向和距离信息，帮助航海者进行航位推算。

波利尼西亚人通过观察太阳、月亮和星星的位置，以及海鸟的飞行方向，成功地在南太平洋的广阔海域中航行，发现了许多岛屿并定居下来。中国航海家郑和在 1405 年至 1433 年，先后七次下西洋，在航行中不仅使用了水罗盘，还使用了天文导航。他的船队通过观测星

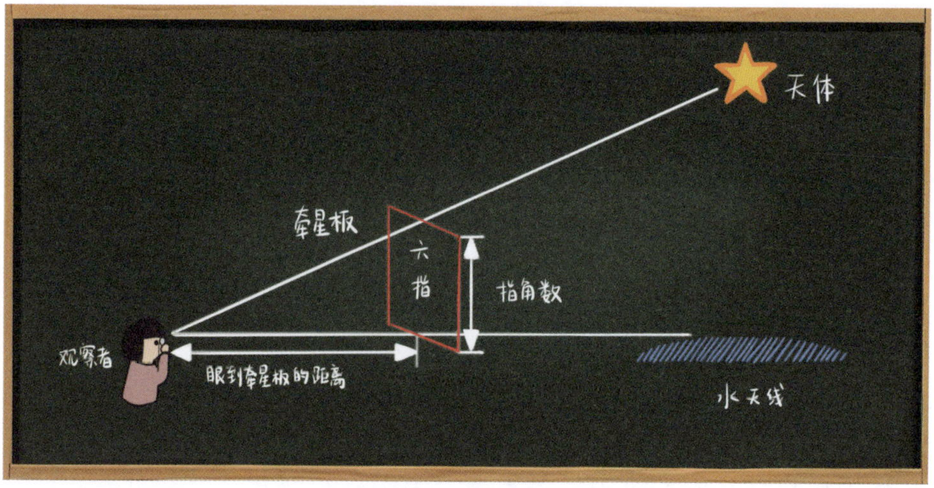

图 1.3 牵星定位示意图

辰和使用过洋牵星术，成功地到达了东南亚、南亚和非洲东海岸。葡萄牙航海家麦哲伦于 1519 年率领船队开始环球航行。他们借助天文学的星图进行天文导航，成功地穿越了大西洋、太平洋和印度洋，完成了人类历史上首次环球航行。1766 年至 1779 年，英国航海家詹姆斯·库克在他的多次探险中，使用六分仪来测量天体的高度，结合天文历计算船只的位置。他的探险为太平洋地区的地图绘制和科学研究做出了重要贡献。1959 年，美国第一艘导弹核潜艇上安装了“11 型”天文导航潜望镜，该潜望镜用于在水下确定潜艇的位置。这一技术的应用极大地提高了潜艇的导航精度和隐蔽性。

天文导航需要航海者具备扎实的天文学知识和熟练的操作技能。测量天体高度、查阅天文历、计算位置等步骤烦琐且需要精确操作，这对航海者的专业素养要求较高。此外，天文导航过程耗时较长，需要多次观测和计算，这在紧急情况下或需要快速决策时不够高效。但不可否认的是，天文导航在古代航海中的应用，不仅展示了古代航海者的智慧和技术水平，也为现代导航技术的发展奠定了基础。

1.2 惯性导航：不依赖外界信息的“内在导航”

古人借助地理标志、地磁和天文实现导航，但是这些导航方式都有一个缺点：它们依赖外部环境，比如地标、地球磁场、星星等。如果这些条件不具备，导航就会失效。那么，有没有一种完全依赖自身、不受外界干扰的导航方式呢？答案是：惯性导航。

惯性导航是一种基于惯性原理的自主导航技术。它通过测量运动载体（如飞机、人造飞船、船舶、导弹等）的加速度（速度随时间的变化率）和角速度（角度随时间的变化率），经积分运算获得载体的位置、速度和姿态等信息，从而实现导航功能。该技术不依赖外部信号源，具有自主性强、抗干扰能力强等特点。惯性导航系统广泛应用于航空、航天、航海、军事等领域。例如，飞机中的惯性导航系统可以为飞行员提供飞机的飞行姿态、速度和位置信息，帮助飞行员进行飞行控制；导弹中的惯性导航系统能够精确地引导导弹按照预定轨迹飞行，提高命中精度。

惯性导航的概念源于对地球自转和物体运动的研究。这种技术的出现，让导航不再受外界环境的限制。经过数百年基础理论的积淀与工程应用的发展，众多科学家的研究成果为惯性导航奠定了坚实基础，他们的伟大发现犹如人类惯性世界的灯塔，为后人指引了前进的方向。

1.2.1 陀螺仪：测量地球自转的“神器”

在惯性导航过程中，测量载体相对于地球自转的角速度是重要环节之一。作为惯性导航系统核心装置的陀螺仪，能够测量物体的旋转角速度。

1901 年，年轻的德国人赫尔曼·安许茨在维也纳皇家地质协会报告了自己想乘坐潜艇去北极冰层下探险的计划。然而，这一大胆设想遭到了现场专家们的一致反对。大家的反对意见聚焦于磁罗盘，一方面任何磁罗盘在北极都将失灵，另一方面由钢铁制成的潜艇会干扰磁罗盘对地球磁场的感应，因此利用磁罗盘完成北极探险毫无可能。

面对这一难题，安许茨想到利用陀螺的特性发明一种新的导航仪器，以克服磁罗盘的缺陷。1905 年，他制造出一台陀螺罗经样机，但该样机存在误差过大的问题。经过 3 年的改进，1908 年世界上第一台能自动指北并稳定指示航向的陀螺罗经问世。这一发明开创了陀螺仪在航海史上应用的新纪元，是陀螺仪应用中重大的成就之一。

然而，此时的陀螺罗经在船只摇摆的情况下仍存在误差大的问题。又经过了 3 年的改进，在安许茨的表兄——科学家舒勒的帮助下，安许茨发明了采用液体悬浮技术的多陀螺仪结构，实现了罗经振动的水平阻尼，从而克服了摇摆误差并进一步提高了罗经精度。从 1912 年开始，陀螺罗经逐步在世界航海罗经市场中占据主导地位。

安许茨的北极探险计划促成了陀螺罗经的诞生，这一发明让人类的航海开启了崭新的篇章。遗憾的是，他本人未能利用自己发明的陀螺罗经实现最初的北极探险梦想。

1.2.2 舒勒原理：惯性导航的一项核心原理

陀螺罗经虽然强大，但在加速度的影响下，仍然会出现误差。德国科学家舒勒发现了“舒勒原理”——一种让陀螺仪能够抵消载体加速度干扰，保持准确指向的原理。

在介绍舒勒原理之前，我们需要了解一个现象：如果在载体上挂一个单摆，当载体做加速度运动时，单摆不再指示垂线方向，而是偏离了一个角度。我们称这一现象为单摆的加速度干扰。

如图 1.4 所示，小车以加速度 a 做直线运动，车上有一单摆，摆的质量为 m。此时，单摆相对小车的平衡位置不再指示垂线方向，而是沿加速度相反的方向偏离一个角度 θ。角度 θ 的大小取决于加速度 a 的大小，当小车加速度为零时，θ 才有可能为零。

我们不禁好奇：在什么情况下，上述单摆的平衡能够不受加速度的干扰？

如果一个运动物体受到线加速度 a 的作用，那么单摆能够跟踪垂线方向的条件是：单摆长度 L 等于地球半径 R。当满足这一条件时，无论加速度 a 如何变化，单摆都能跟踪垂线方向。将地球半径代入单摆周期计算公式可得：$T=2\pi\sqrt{R/g}\approx 84.4$（分钟），这个周期被称为

图 1.4 存在加速度时单摆平衡示意图

舒勒周期。也就是说，舒勒研究发现，任何摆和机械仪器，只要具有 84.4 分钟的振动周期，就可避免载体加速度对其的影响。这便是舒勒原理的核心思想，它回答了上文提到的问题。

需要说明的是，上述单摆是理想的数学摆，因为在现实中无法实现摆长等于地球半径的单摆。我们可以这样理解数学摆：摆的质心 m 正好位于地球中心，而摆长等于地球半径 R，当摆的悬挂点在地球表面上任意运动时，摆的质心始终保持在地心位置，静止不动，摆不受任何干扰。在基于数学摆实现的物理摆中，一种实用的方案就是使用陀螺摆。陀螺摆可借助高速自转时的巨大惯性，实现长周期的进动运动。如果将这个周期调整到 84.4 分钟，就实现了舒勒周期。舒勒周期的实现，为制造高精度、实用的惯性导航系统提供了充分的理论基础。舒勒原理被称为无干扰条件，它是惯性仪表设计中必须遵循的重要准则。

介绍完舒勒原理，我们来举一个例子说明其在惯性导航中的应用。假设有一辆小车在地面匀速直线行驶，基于舒勒原理设计的惯性平台，会以 84.4 分钟的周期振荡，实时跟踪重力的方向变化，这样可以避免因载体运动而导致的惯性平台倾斜误差，保证姿态的计算精度。因此，舒勒原理被称为惯性导航的一项核心原理。

1.2.3 V-2 导弹：惯性导航的首次亮相

德国的 V-2 导弹，如图 1.5 所示，是世界上第一种投入实战使用的弹道导弹，也是第一种采用惯性导航系统的武器。它由沃纳·冯·布朗博士领导的团队研制，最大射程约为 320 千米。德国在二战期间研制 V-2 导弹的主要目的是从其占领的欧洲大陆地区直接打击英国境内目标。

图 1.5 德国 V-2 导弹

惯性导航系统是 V-2 导弹的一大技术亮点，用于调整飞行方向。该系统包括两台陀螺仪、一台横向加速度计，以及一台模拟计算机。具体的工作方式是：发射前，在惯性导航系统中预先设定飞行参数，启动陀螺仪并使其旋转轴对准导弹飞行方向；点火后，液态燃料推进器将 V-2 导弹推送到一定高度和速度，随后导弹沿着预定的抛物线轨迹飞行，最终命中目标。尽管 V-2 导弹使用的惯性导航技术在当时非常先进，但由于电子技术和陀螺仪精度的限制，其惯性导航系统存在较大的累积误差。从 1944 年 9 月到 1945 年 3 月，德军向英国共发射了三千余枚 V-2 导弹，但只有一千余枚击中英国本土，其余则落在欧洲大陆的比利时、荷兰等地。在所有发射的导弹中，只有约 30% 的导弹落在目标周围 30 千米以内（其中约 44% 的导弹落在 10 千米以内）。部分 V-2 导弹的落点误差甚至达到了 5 千米，相当于射程的 1.56%。

尽管如此，V-2 导弹的成功应用仍标志着惯性导航技术进入了实用阶段，并为后来的航天导航系统和军事导航系统的发展奠定了基础。V-2 导弹不仅展示了德国在火箭技术上的突破，也开启了现代弹道导弹和航天技术的新纪元。

1.3 深海中的“隐形守护者”

现代立体战争中，陆上、空中和水面上的武器平台因容易暴露而面临被攻击的风险。而占地球表面 70% 的海洋，为水下潜艇活动提供了天然的屏障。战略导弹核潜艇最大的威慑力在于其隐蔽性。它携带强大的核攻击武器，长时间在大洋四五百米的深处潜航。即使最先进的侦察手段也难以快速、准确地发现并追踪其踪迹。一旦任务需要，战略导弹核潜艇可以在水下发动攻击，向地球上任意地点的目标发起打击，而攻击的时机和位置难以被预测。核动力、潜射导弹和惯性导航系统被称作战略导弹核潜艇的三大关键技术。

由于需要执行远海水下作战任务，核潜艇需要导航装备连续提供精确的位置和航向信息，以保证其在水下长期、隐蔽地安全航行；需要导航装备为其搭载的潜射弹道导弹提供高精度的导航制导参数，以用于计算弹道参数及保证导弹的精确瞄准；需要导航装备为其观察、通信及其他电子设备的正常工作提供必要的导航基准参数。在水下环境中，除惯性导航外，天文导航、无线电导航，以及卫星导航都不能使用，于是高精度的惯性导航系统就成为战略导弹核潜艇的首选导航装备。

美国的核潜艇曾在水下连续潜航 83 天零 10 小时，创下世界纪录。

而现役核潜艇的普遍续航能力也已达到 70 天。按照设计航速，核潜艇在一次任务中可连续潜航超过 40000 海里（74080 千米），这意味着惯性导航系统需要连续工作 1680 小时以上。这种长时间的连续工作对惯性导航系统的精度和可靠性提出了极高的要求。

第2章

惯性导航是怎样工作的

惯性导航是一种神奇的技术，它可以告诉我们一个物体（如船舶、飞机、人造飞船、导弹等）在空间中的姿态、速度和位置。简单来说，其基本原理是通过测量物体自身的运动变化，来确定物体的位置和运动轨迹。这就像蒙着眼睛走路，虽然无法看到周围环境，但能通过身体的感知（如脚步的移动和身体的晃动）来判断走了多远，方向有没有改变。要了解惯性导航，我们要明确三个问题：惯性导航在什么环境下工作？惯性导航要用到哪些传感器？惯性导航如何知道运动载体的位置？

2.1 惯性空间

在惯性导航中，首先要找到一个“舞台”，也就是参考系。这个参考系必须满足一个条件：牛顿运动定律（也就是人们常说的力学三大定律）必须在这个参考系中成立。这样的参考系所处的物理环境被称为惯性空间。

具体而言，一个原点取在不动点而又无转动的参考系所对应的物理环境就是一个惯性空间。与惯性空间相固联的坐标系，称为惯性坐标系（简称惯性系）。要判定一个参考系是不是惯性系，只能依靠观察、实验和测量来验证牛顿运动定律是否成立。

由此可见，判定一个参考系是不是惯性系依赖于测量水平。在牛顿时代，人们以太阳中心为原点，以指向任意恒星的直线为坐标轴，形成一个坐标系。根据当时的测量条件和水平，牛顿运动定律是成立的。后来随着科技的发展，人们对于宇宙的认识不断加深，发现太阳连同太阳系一起还在绕银河系运动，这导致在这个参考系中，牛顿运动定律实际上并不严格成立，因此从严格意义上来说，它并非真正的惯性系。但是，太阳系绕银河系运动的角速度极小，带来的影响在多数情况下可忽略。因此我们仍可以将其看作惯性系。

接下来，介绍两个常见的惯性坐标系。

太阳中心惯性坐标系（简称日心惯性坐标系）：通过太阳中心 S，

作黄道平面，即地球绕太阳公转运动的平均轨道平面。黄道平面与地球赤道平面的交线是 AB。A 点与 B 点在天文学中被分别称为春分点和秋分点。该坐标系的 x 轴沿 SA 方向，z 轴与地球自转角速度的方向平行，y 轴则与 x、z 轴垂直。前文提到，实际上太阳连同太阳系绕银河系做非匀速直线运动，严格意义上来说以太阳中心为原点的坐标系并不是惯性系。但是，太阳绕银河系的近似圆周运动的向心加速度和转动的数值，都远低于惯性导航问题中对这两个参数的精度要求。因此，在惯性导航领域，仍然可以把以太阳中心为原点的坐标系看作惯性系。

地球中心惯性坐标系（简称地心惯性坐标系）：原点位于地球中心，三个坐标轴的指向分别与日心惯性坐标系平行，且都指向空间固定的方向。经过相关分析可以证明，在研究地球附近的载体运动时，牛顿第二运动定律在地心惯性坐标系仍然适用，因此地心惯性坐标系也是惯性系。显然，地心惯性坐标系是不参与地球自转的。

2.2 惯性导航中的传感器

2.2.1 陀螺仪：捕捉姿态

要想知道物体是如何在惯性空间中转动的，我们需要一种特殊的仪器——陀螺仪。陀螺仪可以在惯性空间中稳定指向，感知物体的旋转，并告诉我们物体的姿态变化。

想象一下，你手里拿着一个旋转的陀螺，无论你怎么移动，陀螺的轴总是指向同一个方向。陀螺仪便利用这种特性，获取物体相对惯性空间的转动，这种转动便可以帮助我们确定物体的姿态。

2.2.2 加速度计：感知速度变化

除了旋转，物体还会加速或减速。这时候，我们需要另一种仪器——加速度计。加速度计可以测量物体的加速度。

你可能觉得奇怪，为什么不直接测量速度呢？这是因为速度是相对的，需要选定参照物才能确定，而加速度反映的是物体自身运动状态的变化，不需要依赖参照物也能测量得出。就像你在电梯里，不借助楼层显示等辅助手段，感受不到电梯的速度，但能感觉到电梯启动和停止阶段有加速度一样。加速度计就是利用这种原理，通过测量加速度来间接计算物体的速度和位置。

2.3 牛顿运动定律与运动测量

2.3.1 牛顿运动定律：惯性导航的基石

在数百年前，牛顿的第一定律（惯性定律）与第二定律为惯性导航和制导奠定了理论基础。

牛顿第一定律指出，若无外力施加于物体之上，该物体会维持其静止状态或匀速直线运动状态，不发生改变。该定律确立了惯性参考系的概念，为惯性导航的发展提供了理论基石。而牛顿第二定律，则深入阐述了物体在受到外力作用时的运动响应机制，明确指出作用在物体上的力 F 能够引发物体的加速度运动，且力 F 的大小与物体的质量 m 及其获得的加速度 a 之间遵循 $F=ma$ 的定量关系。该定律为惯性导航中载体加速度的测量指明了方向。

由物理定律可知，物体从一点运动至另一点的距离 S，可以通过物体运动时的速度和运动时间求得。若载体匀速运动，则距离可以直接通过下式计算：

$$S=V\cdot\Delta t$$

式中 V 是速度，Δt 是运动时间。

但实际情况中，使物体保持恒定速度是一件十分困难的事情，更为常见的情况是在一段路程中，物体的运动速度忽快忽慢，难以精确描述。这时再想求解运动的距离，就需要运用微积分的概念，将一整个路程的时间看成是由很短的时间段 Δt_1, Δt_2, ⋯, Δt_n 组合而成的，由于每一小段的时间趋近于无限小，所以可以认为在这一小段时间内物体是匀速运动的，就有了对应上述时间段的速度 V_1, V_2, ⋯, V_n。因此，我们只需根据上式把每小段时间中的距离算出来再相加，就能得到在 Δt 时间中总的运动距离，即：

$$S=\sum_{i=1}^{n}V_i\cdot\Delta t_i$$

当 Δt 足够小时，上面的式子就变成了“积分”，用下式表示：

$$S=\int_{t_1}^{t_2}Vdt$$

式中，t_1 是运动起始的时间，t_2 是运动结束的时间。所以通过对每段时间内物体运动速度随时间积分，就得到了总的运动距离。

同理，由运动学方程可知，速度是加速度在某段时间的积分，即：

$$V=\int_{t_1}^{t_2}adt$$

由此可见，根据牛顿运动定律，只要能测量出运动物体的加速度，再知道运动时间，就可以知道物体的运动速度 V 和运动距离 S 了。

2.3.2　如何利用加速度计测量运动

在我们的日常生活中，加速度无处不在。例如，我们乘坐汽车、船舶、飞机时，这些载体的运动状态变化会产生加速度。当载体加速行驶时，会产生正向加速度；而当载体减速行驶时，会产生负向加速度。加速度不仅存在于直线运动中，当载体在弯道行驶时，即使速度大小保持不变，由于运动方向的改变，也会产生向心加速度。

尽管加速度与我们的生活息息相关，但直接测量加速度这一物理量却并非易事。为此，科学家们发明了一种间接测量加速度的方法，即通过测量运动物体因加速度而产生的惯性力来间接测量加速度。基于这一原理，加速度计应运而生。加速度计的实质是一种测力装置，它通过测量物体在加速度作用下产生的惯性力，从而推算出加速度的大小和方向。

在地球上，物体不仅会受到惯性力作用，还会受到重力作用。为了区分这两种力，科学家们引入了一个新概念——比力。比力是作用在载体单位质量上的外力，即载体在所选定的地球中心非惯性参照系下，排除引力作用后所受的真实作用力，其在数学运算中表现为质点相对惯性空间的合加速度与引力加速度的差值，就是物体的总加速度减去重力加速度。通过测量比力，我们可以计算出物体的真实加速度，从而进一步计算出物体的速度和位置。因此，比力也经常被称作“非引力加速度”。在加速度计测量得到比力后，再通过地球引力模型计算出重力加速度，就能计算出载体质点的绝对加速度，即：

$$a_i = f + g$$

式中 f 为比力，g 为重力加速度。

加速度计与陀螺仪一起，构成了惯性导航系统的基本框架，两者相辅相成，协同工作。

第3章

惯性导航的进化过程

3.1 科技进步令惯性传感器迭代升级

惯性导航技术的不断进步离不开惯性传感器和惯性器件技术的迭代升级。自世界上第一个实用的陀螺仪出现至今，陀螺技术已经经历了百年的发展。为了提升陀螺仪的性能，降低陀螺仪的漂移率，科学家们根据不同的物理机理，先后研制发展了多种类型的陀螺仪。从最初的机械转子式陀螺仪到光学式陀螺仪，再到如今随着微电子技术的快速发展而出现的振动式陀螺仪，新时代下量子技术的兴起将使原子式陀螺仪在广阔天地中大有可为。

3.1.1 机械式器件开天辟地

机械转子式陀螺仪的核心在于其内部高速旋转的转子。这种高速旋转赋予了陀螺仪独特的力学特性——定轴性和进动性。正是这两种特性，使得此类陀螺仪在导航与制导设备的研发中占据了重要地位，成为不可或缺的关键组件。

机械转子式陀螺仪的应用始于20世纪40年代，最具代表性的应用是二战期间德国研制的V-2导弹。在发展过程中，机械转子式陀螺仪面临的主要挑战是如何克服框架支承带来的干扰力矩，以保持其旋转轴在空间中的精确指向。为此，科研人员先后研制了液浮陀螺仪、静电陀螺仪和挠性陀螺仪等。与此同时，机械式加速度计也在与干扰摩擦力矩做斗争，并借鉴陀螺仪的发展思路，形成了液浮、静电和挠性等多种形式。

液浮陀螺仪与液浮加速度计

液浮陀螺仪的设计核心思路是通过浮液支承方式来减小框架陀螺仪的机械摩擦力矩，从而显著提高其精度和可靠性。20世纪40年代末，美国麻省理工学院（MIT）仪器实验室的德雷珀率先利用液浮技术成功研制出液浮陀螺仪。其将转子、陀螺电机和主轴承等密封在球形浮子中，球形浮子并被置于密度均匀的浮液内。浮子的两端用宝石轴承支承并进行定位。图3.1为一种单自由度液浮陀螺仪结构示意图。

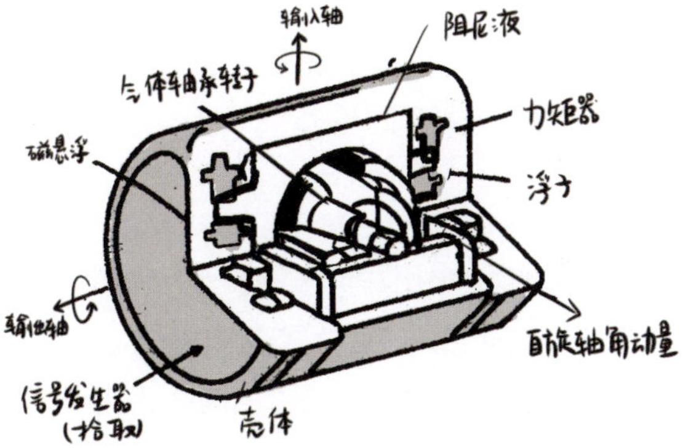

图 3.1　单自由度液浮陀螺仪结构示意图

由于液体浮力的作用，轴承处的正压力接近于零，从而大幅度减小了摩擦力矩。在此基础上，陀螺电机的支承方式由滚珠轴承改为气体轴承，进一步降低了轴承的摩擦力，延长了陀螺仪的使用寿命。现代高精度液浮陀螺仪通常采用惯性级铍材料制造，并结合液浮、气浮、磁悬浮技术，同时配备精密温控系统和直流永磁电机。这些改进使得陀螺仪的精度达到了 10^{-3} ~ 10^{-4} 度 / 小时，使用寿命超过数万小时。

图 3.2 为一种单自由度液浮摆式加速度计结构示意图。与液浮陀螺仪的核心设计思路类似，液浮摆式加速度计是将具有一定摆性的浮子组件置于浮液中。两者主要的区别是加速度计浮子中没有高速转动的陀螺仪转子、驱动转子的电机和支承轴等部件，而是包含一个惯性质量块。惯性质量块的质量中心有意地偏离浮子的支承轴，使浮子形成一个摆。当沿加速度计测量轴有加速度作用时，惯性力矩会使摆产生角位移。角度传感器测量这一位移，并将其转换为成比例的电压信号。

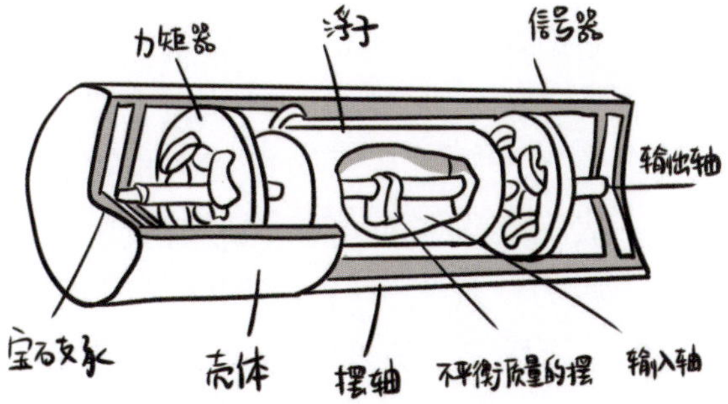

图 3.2　单自由度液浮摆式加速度计结构示意图

加速度计的反馈控制回路将电压信号放大并转换为电流信号，施加于力矩器，以产生反馈力矩，平衡由于加速度而产生的惯性力矩。此时，反馈电流的大小即可作为加速度的度量。

静电陀螺仪与静电加速度计

静电陀螺仪是目前实际应用中最高精度的惯性器件，是任何类型陀螺仪所无法比拟的。其采用非接触式静电悬浮支承，不存在机械摩擦，因此精度极高，可达 10^{-7} 度 / 小时。图 3.3 为静电陀螺仪结构示意图。

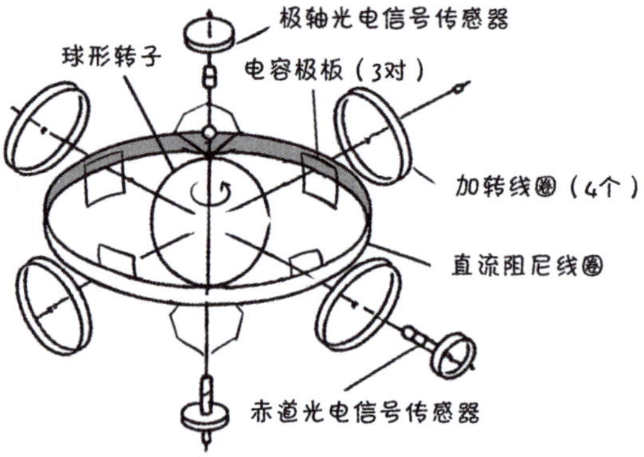

图 3.3 静电陀螺仪结构示意图

静电陀螺仪的球形转子靠驱动电动机带动高速旋转，通过相互垂直的 3 对电容极板与球形转子间的强电场产生的静电吸力，悬浮在内腔体的中心。静电场仅有吸力且转子离电极越近吸力越大，这使转子处于不稳定状态。为此，用一套支承电路来动态调整转子所受的力，从而实现稳定悬浮。

图 3.4 展示了静电加速度计的工作示意图。在该装置中，一个静止的金属球形转子被置于对称放置的一对球面电极之间。通过给球面电极通电，产生均匀稳定的静电场。当球面电极接正电时，金属球形转子由于静电感应，表面会聚集负电荷，形成负电极的特性，与正电极相互吸引产生静电吸力；反之，当球面电极带负电时，金属球形转子会呈现正电极特性，同样产生静电吸力，如图 3.5 所示。

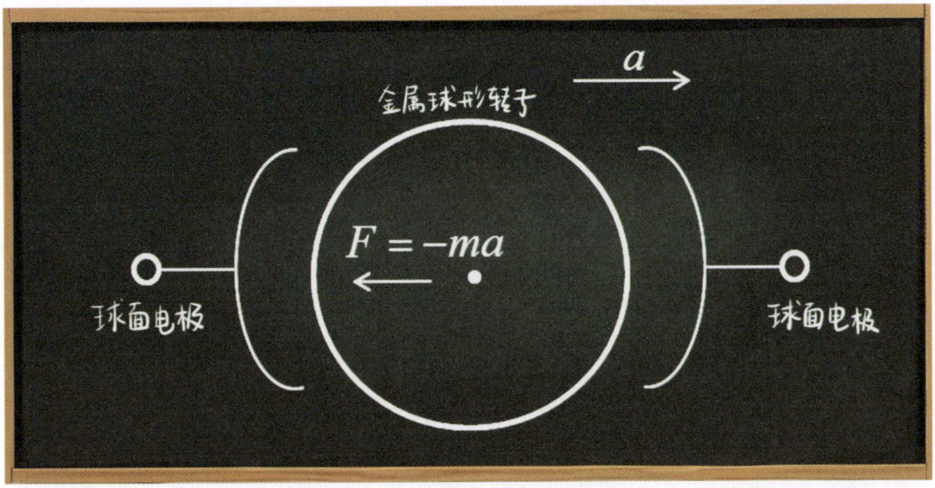

图 3.4　静电加速度计原理图

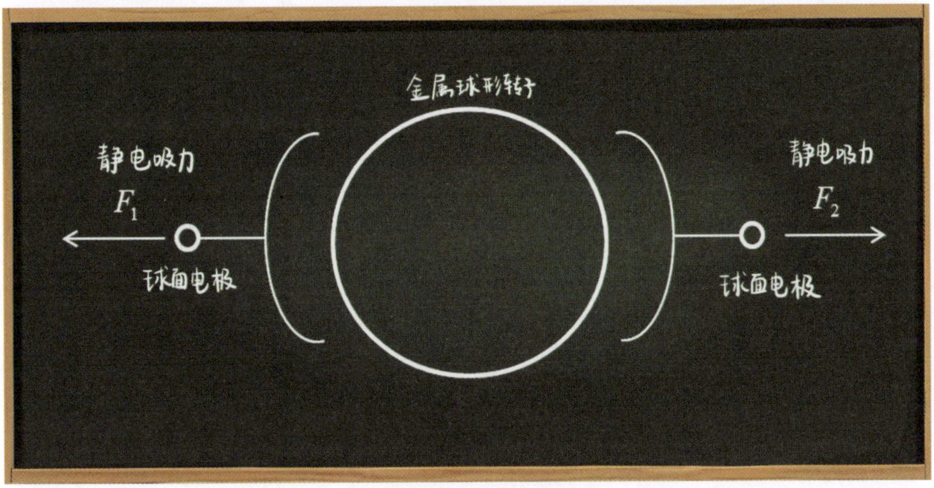

图 3.5　静电加速度计的静电吸力示意图

对球面电极施加正负交替变化的电压，金属球形转子会呈现出正电和负电交替变化的特性。当左边球面电极对金属球形转子的吸力是 F_1 时，金属球形转子趋于向左移动；而当右边球面电极对金属球形转子的吸力是 F_2 时，金属球形转子趋于向右移动。

当载体进行加速运动时，金属球形转子由于自身惯性会与球面电极之间的间隙距离发生变化。支承金属球形转子的系统检测到这种间隙变化后，会增大气隙变大一侧的电极电压以提高吸力，减小气隙变小一侧的电极电压以降低吸力。通过这种电压调节，可以使金属球形转子重新回到初始位置。此时，施加在球面电极上的电压或电荷变化量便是载体加速度的一种表征方式。通过测量这种变化量，便能实时监测载体的加速度。

静电加速度计具有稳定性好、精度高的特点，能够测量低至 $10^{-9}g$（g 为重力加速度）的微小加速度。为满足高精度测量需求，静电加速度计通常在超高真空环境中工作，并利用电极产生的静电场来检测物体的加速度。

凭借高精度和高稳定性，静电加速度计被广泛应用于多个领域，包括地球观测、大气及洋流变化研究、地球重力场测量、精密轨道及姿态维持、基本物理学空间验证试验（如引力波）、空间电火箭推力测量、飞行器再入空气动力特性测量、空间试验室微重力环境测量、宇宙航行、长期潜航的航海潜航器等。图 3.6 展示了搭载在“天舟一号”上的高精度静电加速度计。

图 3.6 “天舟一号”所搭载的静电加速度计

挠性陀螺仪与挠性加速度计

挠性陀螺仪的转子被安装在弹性支承装置上，通过柔性接头代替传统的框架支承，显著减小了框架支承的摩擦力矩。挠性陀螺仪可分为细轴颈式和动力调谐式，其中动力调谐陀螺仪的应用较为广泛。

由于不需要液浮支承，挠性陀螺仪被称为“干式陀螺仪”。这种设计省略了密封、真空和充液等烦琐工艺，同时由于无须严格控制温度以保证浮心、重心、支承中心重合，也降低了对温控精度的要求。

挠性陀螺仪结构简单、易于制造且成本低廉，因而得到了广泛的应用。经过不断改进，高精度挠性动力调谐陀螺仪的精度已达到 10^{-3} 度 / 小时量级。

与挠性陀螺仪类似，挠性加速度计的检测质量块由挠性结构支承，通过弹性材料连接在支承上，从而消除轴承的摩擦力矩。图 3.7 所示为挠性加速度计的结构示意图。其中，挠性杆通常由低迟滞、高稳定性的弹性材料制成，它在输入轴方向的刚度非常小，而在与输入轴垂直方向上的刚度很大，从而有效排除交叉输入的影响。工程技术人员在研究中发现，石英材质的挠性支承比金属的具有更好的稳定性。因此，石英挠性加速度计已成为目前应用最广泛的一种高精度加速度计。

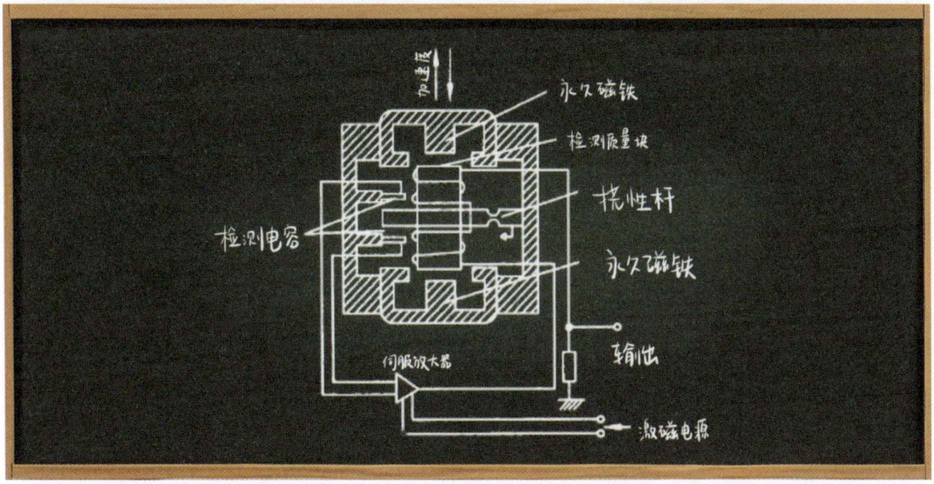

图 3.7 挠性加速度计结构示意图

随着技术的发展，以光学式器件为代表的新型器件逐渐在许多应用领域取代了传统机械式器件的地位。这些新型器件不仅成本更低、体积更小，而且还具有更高的性能，能够满足现代电子设备对小型化、低功耗和高性能的需求。

3.1.2 光学式器件成为中流砥柱

随着物理学的发展，科学家们发现，利用光的特性可以研制陀螺仪，光学陀螺仪应运而生。

光学陀螺仪基于法国物理学家萨尼亚克提出的“萨尼亚克效应”工作。如图 3.8 所示，在闭合的光环路结构中，存在两束光分别沿顺时针与逆时针方向独立传播。当光环路相对于惯性空间保持静止时，两束光所经历的光程相等。然而，一旦光环路绕其垂直轴旋转，顺时针与逆时针传播的光束将因路径长度的变化而经历不等的光程，进而产生相位差。这种相位差会触发光的干涉现象，形成干涉条纹。通过分析这些干涉条纹的特性，可以精确测量光环路旋转的角速度大小。

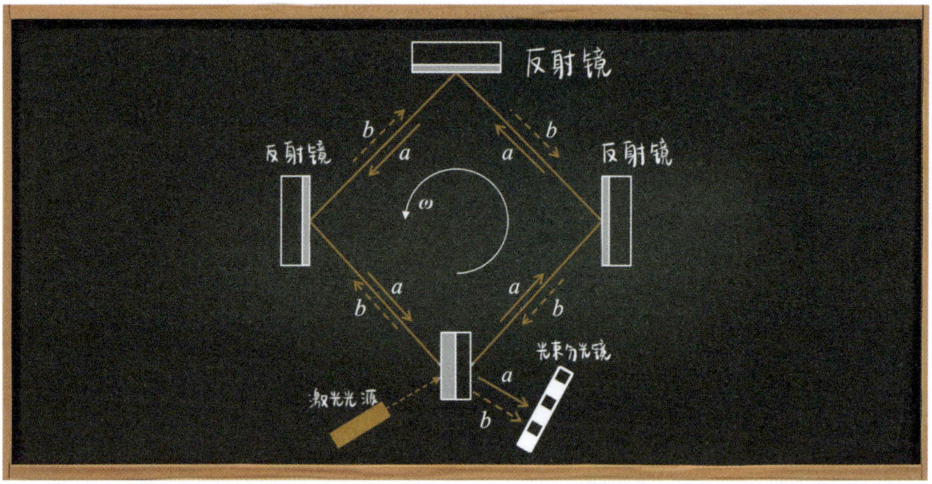

图 3.8 萨尼亚克效应示意图

光学陀螺仪主要包括激光陀螺仪、光纤陀螺仪和集成光学陀螺仪。自 1960 年物理学家发明激光技术、1962 年科研人员发明氦氖激光器，以及 1963 年世界上第一台激光陀螺仪诞生以来，半个多世纪里，许多国家相继开展了激光陀螺仪的研究与研制工作。

20 世纪 70 年代，基于光的全反射原理制成的光导纤维（即光纤）技术迅速发展。科学家们构想采用多匝光纤线圈制成供激光传播的环路，以取代激光陀螺仪的谐振腔，从而研发出光纤陀螺仪。随着半导体技术和微机电系统技术等的发展，集成光学陀螺仪获得了学术界的极大关注，并被认为是光学陀螺仪未来发展的主要趋势。所有光学陀螺仪均基于萨尼亚克效应实现角速度测量，且因其无机械运动部件也被称为固态陀螺仪。光学陀螺仪的问世扩展了传统陀螺仪的概念，任何能测量运动物体角运动的传感器，都可以称为陀螺仪。

3.1.3 振动式器件快速发展

振动陀螺仪利用高频振动的质量块被基座带动旋转时所产生的科里奥利力（科氏力）来检测角运动。振动式器件不依靠机械转动结构测量角速度，因此也属于固态陀螺仪，具有结构简单、可靠性高、寿命长的特点。其中，半球谐振陀螺仪和硅微陀螺仪已经得到了实际应用，并且在未来一段时间内有望成为主流惯性器件。

半球谐振陀螺仪

半球谐振陀螺仪是一种振动陀螺仪，其研制工作始于 20 世纪 60 年代末，第一项相关专利于 1979 年获批。这种陀螺仪在最初演示验证时就已达到 0.05 度 / 小时的精度，经过多年的技术积累和改进，特别是随着电子学技术和制造工艺水平的提升，其性能不断提升。1996 年，以半球谐振陀螺仪为器件的惯性导航系统首次应用于空间飞行器中。目前，美国、俄罗斯和法国在半球谐振陀螺仪的研制中处于领先地位。例如，美国的诺思罗普·格鲁曼公司的半球谐振陀螺仪已广泛应用于空间飞行器和卫星项目中，创造了累计空间飞行 3000 万小时无故障运行的记录。

半球谐振陀螺仪具有诸多突出优点，包括结构简单、体积小、重量轻、精度高、能承受高机动过载、可靠性高、寿命长、功耗低、制造成本低等。此外，半球谐振陀螺仪还有一项显著优势：即使电源中断，半球谐振陀螺仪的谐振状态仍能维持较长时间，衰减时间长达 20 多分钟，即半球谐振陀螺仪在断电后仍能正常工作一段时间，这在某些特殊应用场合下具有重要意义。

微机电陀螺仪与微机电加速度计

无论是机械旋转陀螺仪、激光陀螺仪、光纤陀螺仪还是半球谐振陀螺仪，均需在制造过程中经过精密加工、装配、调试和检测，才能满足精度要求。然而，这些传统惯性器件的加工和装配工艺不仅费工费时，且即使工艺再严格、再完善，也难以确保产品的高成品率及性能一致性。此外，传统惯性器件还存在体积大、成本高、功耗高等问题，这些因素限制了它们的广泛应用。

随着微电子技术的迅猛发展，半导体集成电路工艺日臻完善，人们开始将这种批量生产的集成电路制造技术应用于精密机械制造。20 世纪 80 年代初，集微型机械、微型传感器、微型执行器等于一体的微机电系统（micro-electromechanical system，MEMS）技术开始出现。通过将微型机械结构和控制电路集成在一起，MEMS 技术实现了机械与电子系统的高度融合。微惯性器件作为微机电系统发展的重点领域，近年来取得了重大进展。国内外先后成功研制出硅微加速度计、硅微陀螺仪和硅微惯性测量单元。

1989 年，第一个采用 MEMS 技术制造的微机电陀螺仪诞生，其精度达到 10 度 / 小时。微机电陀螺仪是 MEMS 技术的一项重大代表性成果，为惯性技术领域带来了新的变革。1991 年，美国德雷珀实验室（原 MIT 仪器实验室，后于 1973 年更名）成功研制出硅微惯性测量单元，其体积仅为 2 立方厘米，质量仅为 5 克，其中包括三个陀螺仪、三个加速度计，以及相应的控制电路。

微机电陀螺仪，以下简称 MEMS 陀螺仪，通过采用半导体生产中沉积、蚀刻和掺杂等成熟工艺，将机械装置和电子线路集成在微小的硅芯片上，其最终产品是一种集成电路芯片大小的微型陀螺仪。图 3.9 展示了 MEMS 陀螺仪及硅微惯性测量单元。

MEMS 陀螺仪内部通常包含一个或多个微加工机械结构（如振动质量块），当这些结构受到角速度作用时，会产生位移，这个位移量通过电容变化检测，从而实现角速度的测量。

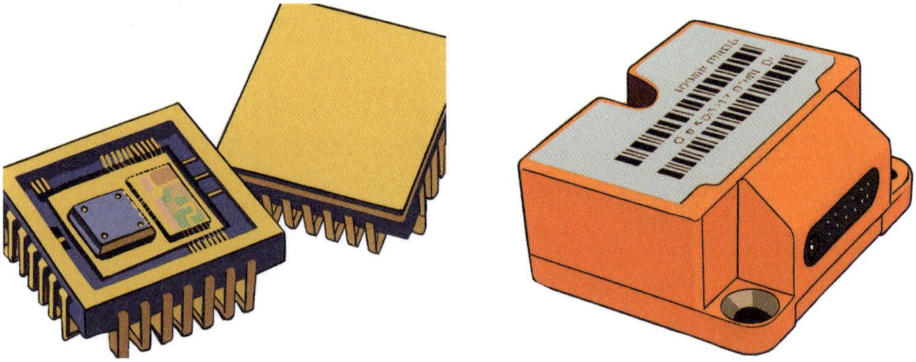

图 3.9 MEMS 陀螺仪（左）及硅微惯性测量单元（右）

MEMS 加速度计按照检测方式可分为电容式、压电式、压阻式、隧道电流式、谐振式、热对流式和光学式七类。其中，电容式和谐振式 MEMS 加速度计是当前业界研究热点。接下来将重点介绍这两类 MEMS 加速度计。

1. 电容式 MEMS 加速度计

电容式 MEMS 加速度计主要包括敏感质量块、支撑梁和固定电极等。其工作原理是通过测量敏感质量块与检测电极之间的相对运动引起的电容变化来检测加速度，如图 3.10 所示。

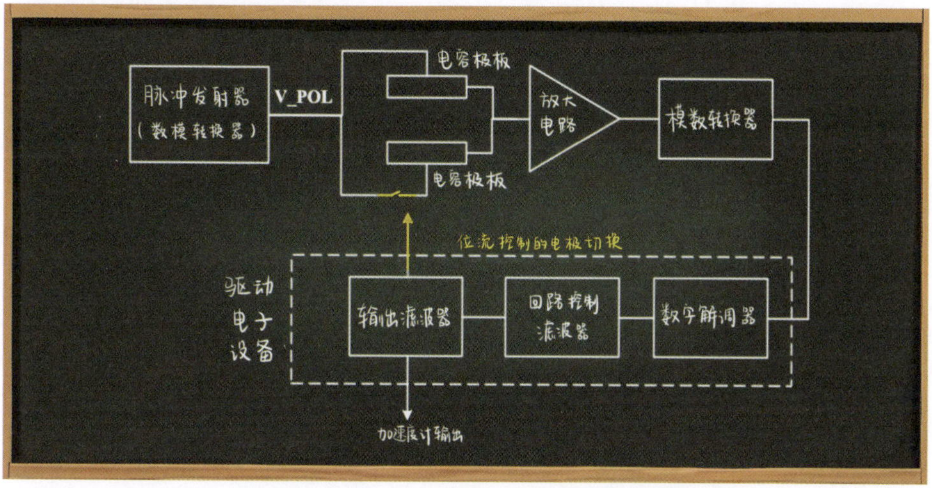

图 3.10　电容式 MEMS 加速度计基本原理图

梳齿式 MEMS 加速度计（见图 3.11）是电容式 MEMS 加速度计的子类。我们以此为例详细介绍电容式 MEMS 加速度计。

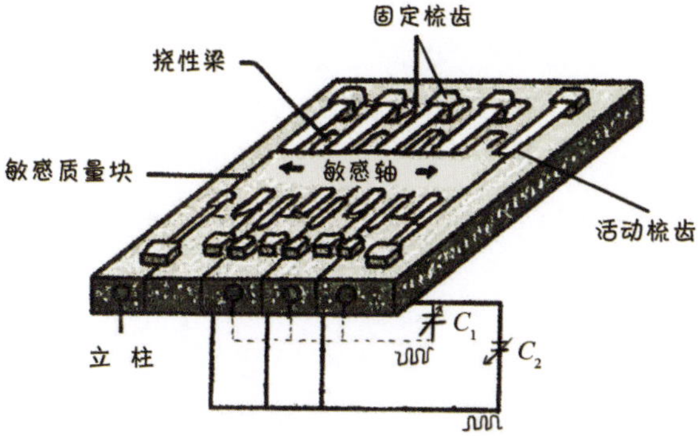

图 3.11　梳齿式 MEMS 加速度计示意图

电容式 MEMS 加速度计采用双侧梳齿机械结构作为敏感质量块，该结构与两侧挠性梁相连接，并通过立柱固定于基片上，相对于基片悬空。每个梳齿从齿枢向两侧伸出，其中活动梳齿作为可变电容的一个活动电容极板，固定梳齿直接固定在基片上，固定梳齿与活动梳齿交错均等距离配置，形成差动电容。根据电容、电压、电荷的基本关系，电容差可以通过电路设计转换为电压差。因此，当敏感质量块沿敏感轴方向运动时，测得的电压差便能表征载体加速度大小。

2. 谐振式 MEMS 加速度计

谐振式 MEMS 加速度计通过检测敏感器件的谐振频率变化量来测量加速度。它具有频率信号输出精度高、量程大、抗干扰能力强和易于集成等优点，具有广阔的应用前景。

谐振式 MEMS 加速度计由谐振器（通常采用双端固定音叉结构，即 DETF 结构）、敏感质量块、微杠杆放大结构和支撑结构组成。其中，谐振器是谐振式 MEMS 加速度计的关键敏感部件，其激励和检测通常使用电磁、压电、静电等方法。

对于压电材料谐振器，通常采用压电激励和压电检测。如图 3.12(a) 和图 3.12(b) 所示，基于压电材料的谐振梁表面覆盖有电极。对其施加交流电压后，谐振梁内会产生交变电场，而压电梁会因压电效应产生横向应变场。当交流电压的频率与谐振梁固有频率一致时，谐振梁会发生谐振。此时，通过压电检测电极可以测量谐振器谐振频率的变化。

对于非压电材料谐振器，通常采用静电激励和电容检测。如图 3.12(c) 所示，在固定梳齿的驱动端施加由交流电压和直流偏置电压构成的驱动电压后，交变电场会在活动梳齿和固定梳齿之间形成横向驱动力，使活动梳齿相对于固定梳齿往复振动。当驱动电压的频率等于活动梳齿结构系统的固有频率时，该系统便产生谐振。通过检测端测量电容的变化，即可计算得到谐振器的谐振频率。

随着半导体制造工艺的快速成熟，批量生产 MEMS 陀螺仪和加速度计的效率已经接近于制造单个器件的效率。这种大批量制造技术不仅使生产成本大幅降低，还使硅微机电器件具备体积小、质量小、功

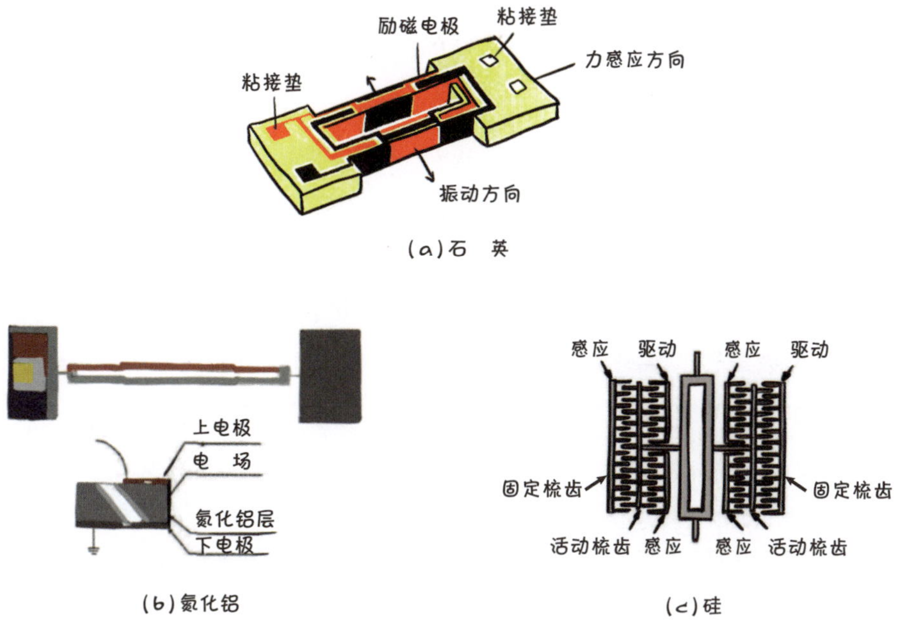

图 3.12 谐振器结构图

耗低、可靠性高、耐高过载和抗冲击等优势。这些特性使得微机电器件在众多领域具有巨大的应用潜力，吸引了许多先进工业大国的高度重视，各国纷纷投入大量的人力、物力和财力开展研究。

尽管目前大多 MEMS 陀螺仪和加速度计处于中、低精度范畴，但低成本 MEMS 陀螺仪的研制成功，已极大拓展了惯性导航系统的应用领域，使许多以前难以实现的应用成为现实。微机电惯性系统不仅在航天、航空、航海和陆地车辆的导航与制导中发挥重要作用，还作为关键组件应用于制导炮弹、制导炸弹、制导火箭弹等武器系统，为传统弹药赋予“智能”属性，极大地提升了作战效能。此外，结合微型卫星导航、卫星通信与惯性导航的微型便携式通信导航仪，为单兵提供了通信和定位工具。在民用交通领域，微机电加速度计已成功应用于汽车安全气囊、防抱死制动系统（ABS）、轮胎安全防爆检测等领域，其在汽车自动驾驶导航系统中的应用也逐渐成为可能。同时，工业机器人的运动状态检测与控制、医疗仪器的诊断定位和无创伤性手术设备等，均是微惯性器件应用的重要领域。如今，人们身边的运动手环、智能手表等消费电子产品也普遍搭载了微惯性器件。微惯性器件作为21世纪惯性技术的未来之星，已引发惯性技术的深刻变革。

3.1.4 量子式器件将大有可为

在量子力学和量子信息论的基础上，量子式惯性器件和量子式惯性导航技术近年来迅速发展，成为新一代导航定位的热点方向。量子式惯性技术所依赖的理论基础使其在测量精度等方面具有独特优势。量子传感器具有高灵敏度和极低零偏漂移的显著优点，对载体姿态改变的检测灵敏度更高。

在量子陀螺仪领域，目前主要发展的有原子干涉陀螺仪、核磁共振陀螺仪、SERF 原子自旋陀螺仪、超导陀螺仪和超流体陀螺仪等。其中，原子干涉陀螺仪、核磁共振陀螺仪和 SERF 原子自旋陀螺仪是当前的研究重点。量子式惯性器件目前仍处于实验研究和样机验证阶段，尚未实现大规模应用。随着技术的不断成熟和优化，量子陀螺仪有望在未来实现工程化应用，为惯性导航和精密测量领域带来革命性的进步。

3.2 系统结构的演变

实现惯性导航必须具备以下要素：一是由陀螺仪建立测量加速度所需的姿态参考，该姿态参考与选择的坐标系相关，如弹道导弹、运载火箭通常选择惯性坐标系，舰船通常选择地理坐标系；二是由加速度计测量载体在选定坐标系三个轴向的加速度分量；三是利用导航计算机，在已知初始时刻姿态、位置和速度的条件下，解算出载体当前时刻的姿态、位置和速度。

根据构建惯性导航系统时所需的导航坐标系的不同，可将惯性导航系统分为两大类：一是采用物理平台模拟导航坐标系的平台式惯性导航系统；二是采用数学算法模拟导航坐标系的捷联式惯性导航系统。

3.2.1 复杂结构的平台式惯性导航系统

平台式惯性导航系统作为最早实现的惯性导航系统，其核心部件是一个物理平台——三轴惯性稳定平台。该平台由陀螺仪控制，用于跟踪模拟所选定的导航坐标系，并为安装在其上的加速度计提供精确的测量基准。通过这种方式，加速度计的测量轴始终与导航坐标系的三个轴保持一致，能够准确测量载体沿导航坐标系三个轴的加速度。

为了隔离载体的角运动，三轴惯性稳定平台需要具有相对于载体的三维转动自由度，这通常通过平衡环支承方式实现。为了实时跟踪导航坐标系，系统通过陀螺仪和框架结构构成稳定控制回路和修正回路。稳定控制回路确保框架系统能够快速精确地跟踪陀螺仪，使平台稳定在导航坐标系中，成为测量载体航向和水平姿态信息的基准。修正回路对陀螺仪施加控制力矩，以确保平台稳定在选定的导航坐标系内。

常见的平台式惯性导航系统有三环式和四环式两种，舰船上通常使用三环式系统，其由外向内的三个环依次是：横滚环、俯仰环和方位环。每个环由对应的稳定回路控制，各回路的敏感器件为对应的陀螺仪。方位环模拟载体的导航坐标系。在舰船的指北水平系统中，平台的方位轴稳定地指向正北，并且平台始终保持当地水平面保持平行。因此，平台上的加速度计能够检测对应坐标轴方向的加速度。通过计算机解算，可以得到载体的速度、位置和姿态等信息。这种结构有效隔离了载体角运动对惯性传感器的影响。一般而言，三轴稳定平台是严格密封的，并配备温度控制系统和导电环等组件，以确保其在各种环境条件下的稳定性和可靠性。图 3.13 展示了美国 LN3 平台式惯性导航系统的内部结构。

从上述介绍可以看出，平台式惯性导航系统是一个复杂庞大且成本高昂的系统，存在启动时间长、保障维修困难等缺点。然而，它在航海、航空、航天及陆用场景的高精度导航与制导中仍具有不可替代的重要作用。目前，对于长航时高精度惯性导航任务，平台式惯性导航系统仍是主要的导航手段。

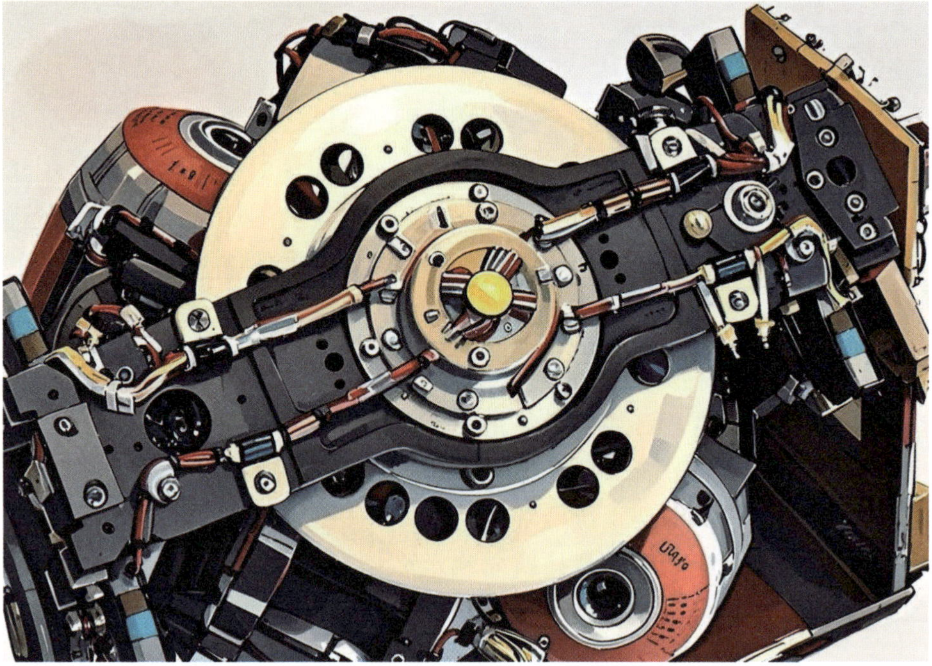

图 3.13　美国 LN3 平台式惯性导航系统内部结构

3.2.2　简单结构的捷联式惯性导航系统

与平台式惯性导航系统将陀螺仪、加速度计等惯性传感器安装在三轴惯性稳定平台上不同，20 世纪 60 年代发展起来的捷联式惯性导航系统将惯性传感器直接固联在载体上（即捷联式安装），省略了物理平台。

如图 3.14 所示，捷联式惯性导航的工作原理如下。陀螺仪用于测量载体的角运动信息，加速度计用于测量载体的线运动信息。导航计算机根据这些测量信息解算出载体的航向、姿态角、速度和位置。其中，姿态矩阵的元素与载体的航向角和水平姿态角相关，可用于解算航向和纵横摇角。加速度计测量的载体坐标系下的线运动信息，经过姿态阵转换后，得到载体加速度在导航坐标系里的分量。通过积分运算，可以得到速度信息，再经过一次积分运算，即可得到位置信息。从捷联式惯性导航系统的工作原理可以看出，系统没有物理平台，而是通过姿态矩阵的计算来替代框架系统中角速度传感器的功能，从而测量航向和水平姿态。姿态矩阵在此过程中起到了物理平台的作用，因此被称为“数学平台”。

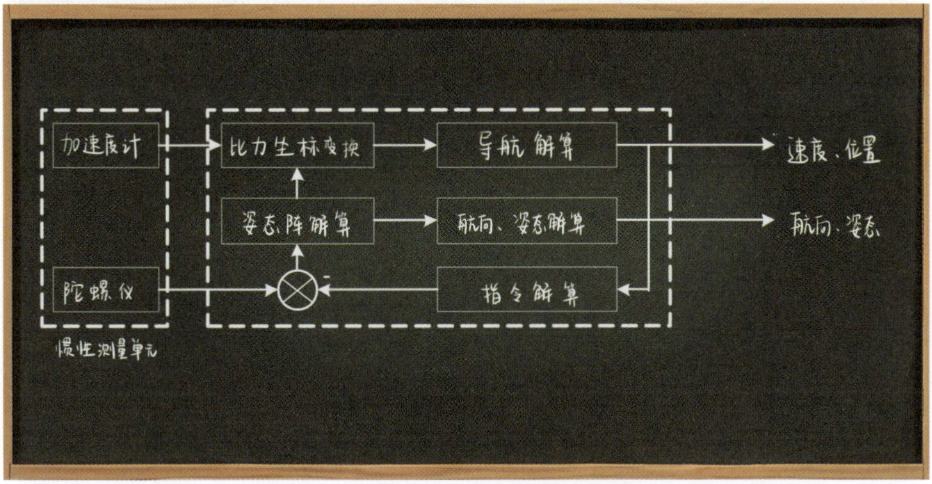

图 3.14 捷联式惯性导航系统原理框图

捷联式惯性导航系统中，陀螺仪和加速度计直接安装在载体上而不需要物理平台，但这使得在载体运动时，惯性传感器将直接感受冲击、振动、温度变化等恶劣环境，从而产生动态误差。因此，与平台式惯性导航系统相比，捷联式惯性导航系统对惯性传感器的要求更加严苛。随着传感器技术升级，捷联式惯性导航系统的精度已逐步接近平台式惯性导航系统的精度。另外，由于没有机械框架系统，捷联式惯性导航系统还具有平台式惯性导航系统无法比拟的优点：结构简化，体积小、功耗低、质量小、成本低、可靠性高、使用灵活方便、维护简便……这些优点使得捷联技术发展更为迅速，在火箭、飞机、鱼雷、车辆等不同领域中获得更为广泛的应用。

捷联式惯性导航系统的发展得益于惯性技术、计算机软硬件技术的迅速进步。新型惯性器件（如光纤陀螺仪、MEMS 陀螺仪、半球谐振陀螺仪）的研制成功，为捷联式惯性导航系统提供了更理想的惯性器件。目前，捷联式惯性导航系统在航空、航天、航海和陆地各领域中已得到广泛的应用。图 3.15 展示了捷联式激光惯性导航系统的内部结构。

图 3.15 捷联式激光惯性导航系统内部结构

3.3 惯性导航的外援

俗话说：独木难支，好汉也需众人帮。尽管惯性导航系统堪称精良，但它并非完美无缺。惯性传感器的制造无法做到尽善尽美，总会存在一定程度的偏差，实时补偿也难以达到完美。加之电路噪声和恶劣环境的外部干扰，任何高精度的惯性系统都不可避免地存在误差。即便是当前精度最高的惯性导航系统，其水平姿态精度虽已达数角秒级别，逼近了物理极限，但在方向和位置上的误差却会随时间累积，最终达到不可接受的程度。因此，对于需要长时间维持高精度的系统，探索新的解决方案势在必行。

相比之下，其他导航方法则展现出截然不同的特点——误差并不随时间推移而增长。例如，天文导航能够确定载体的航向与位置，无线电导航系统能稳定提供位置信息，卫星导航技术则提供了高精度的定位服务。此外，雷达信息和多普勒计程仪等数据与惯性系统结合使用，能显著提升系统的整体性能，且这些传感器的误差不随时间增加。

综上所述，惯性导航系统在短期内能够实现精准定位，而其他导航手段则在长期保持高精度方面表现出色。通过巧妙地将这些不同技术结合起来，优势互补，就能够构建一个更加全面、精确的导航系统——组合导航系统。这样的系统能够在各种环境下提供更加可靠、持久的导航支持。

目前，组合导航系统的构建以惯性系统为核心，并辅以其他一种或多种导航设备的数据，通过综合处理机制，显著提升了导航信息输出能力，超越了各单一系统的能力范畴。选择惯性系统作为核心的原因在于其自主性，即不依赖于外部因素（如天体位置或无线电信号传播等），从而避免了外界干扰和环境条件的限制。

相比之下，其他导航方式在全面性和可靠性上均有所欠缺。例如，天文导航虽能确定航向与位置，但其应用场景和条件相对受限。无线电定位系统则受限于其作用范围，仅能在有效区域内提供位置数据。卫星导航系统固然能提供位置信息，但在低速航行时，速度和航向的精确度会大打折扣，且难以直接获取水平姿态信息。

因此，组合导航系统通过整合惯性系统的全面导航信息输出能力与其他导航手段的优势，实现了导航性能的整体优化，满足了不同应用场景下对高精度、高可靠性导航信息的需求。接下来，简单描述几类在组合导航系统中常见的惯性导航外援。

3.3.1 卫星导航

在浩瀚无垠的宇宙空间中，地球轨道上的一颗导航卫星能够发射穿透遥远距离的导航信号，覆盖并服务于地球表面近三分之一的广阔区域，这一壮举彰显了其卓越的性能。尤为值得一提的是，卫星导航信号利用微波作为信号载体，由于微波波长较短，能够有效穿透电离层，实现直线传播。因此，这颗卫星宛如太空中一座耀眼的“灯塔”，通过微波频段持续为地面用户提供精准的导航指引。

卫星导航技术因其在全球范围内的广泛适用性和高度可靠性，已成为惯性导航系统不可或缺的得力助手。无论是海洋航行、空中飞行，还是地面交通，卫星导航都能凭借其独特优势，助力惯性导航系统实现更为精准、全面的定位与导航服务。

卫星导航系统的基本构成

如图 3.16 所示，卫星导航系统通常由空间段、控制段及用户段三大核心组件构成。其中，空间段由一组导航卫星组成，控制段是负责监控与管理的核心设施，用户段为终端用户接收设备。每颗卫星上装备的多台原子钟是系统的关键要素之一。这些原子钟协同工作，为系统提供稳定、高精度的时间基准，确保卫星间时间同步的精确性。卫星广播的信号内含测距码及导航电文两大关键信息。其中，测距码用于精确标记信号发射至用户设备的时间点，导航电文则详尽记载了时间同步数据及卫星轨道参数。

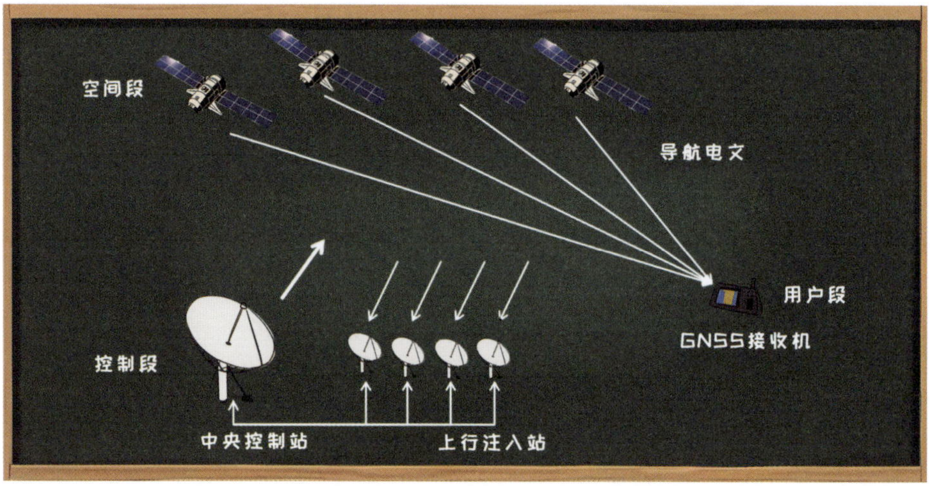

图 3.16 卫星导航系统的三大组件

控制段的结构复杂而精细，包括全球分布的监测站、中央控制站和上行注入站。监测站位置精准，同样配备高精度原子钟。它们收集的数据被传输至中央控制站，中央控制站利用这些数据精确计算每颗卫星的轨道位置，评估卫星时钟误差，并预测未来的导航电文内容。随后，这些关键参数通过上行注入站传输给空间段的卫星，以实现必要的轨道调整或状态维持。用户段的核心是用户接收机，它能够捕捉并解调来自卫星的导航信号，利用测距原理结合卫星轨道数据，计算出用户当前的位置、速度等关键信息，并同步调整设备时间，实现高精度的时间服务。

卫星导航系统的独特架构赋予了它以下显著优势。

首先，卫星导航系统的导航卫星通常运行在近圆轨道上，高度维持在 10000 千米以上。这一特性确保了每颗卫星拥有广阔的地面覆盖区域。因此，仅需少量卫星构成的导航星座，便能实现对地球表面及近地空间的全覆盖，进而实现真正的全球导航能力。

其次，卫星导航系统通过无线电波将包含卫星轨道参数的测距码发送给用户，以实现导航与定位功能。这一过程中，无线电信号展现出极高的稳定性，既不受天气条件的制约，也不受昼夜更替或地形复杂性的影响，确保了导航服务的连续性和可靠性。

最后，该系统能够向各类用户提供精确的三维位置、三维速度及时间信息。当采用先进的差分技术时，定位精度甚至能提升至亚米级乃至厘米级，极大地满足了高精度导航的需求。此外，用户与导航卫星之间的几何分布关系对导航精度具有直接影响，优化这一关系可进一步提升导航性能。

卫星导航系统的基本原理

卫星导航系统通过无线电信号传播。用户可以依据接收到的信号时间（由用户时钟记录）和信号发射时间（源自原子钟），计算出与导航卫星之间的相对距离。在此基础上，由于卫星的精确星历（即导航卫星的精确位置）已知，且原子钟高度准确，用户仅凭一颗导航卫星的无线电信号，便能构建出一个观测方程。该方程包含了用户时钟的潜在误差及用户的三维位置坐标（经度、纬度和高度）。进一步地，若用户能够同步接收到来自四颗不同导航卫星的无线电信号，则能生成四个独立的观测方程，如图 3.17 所示。通过联立并解算这四个方程，可以精确地确定用户的三维地理位置坐标。

用 (x_i, y_i, z_i) 表示第 i 颗卫星观测时刻的位置量测信息，(x, y, z) 表示观测时刻用户的位置信息，c 表示光速，Δt 表示用户时钟与卫星原子钟间的误差，则卫星导航定位问题可通过求解以下方程组来解决。

上述方程组中，共有四个未知数，而四颗卫星刚好有四个观测方程，因此可以得到唯一的用户位置坐标解 (x, y, z)。

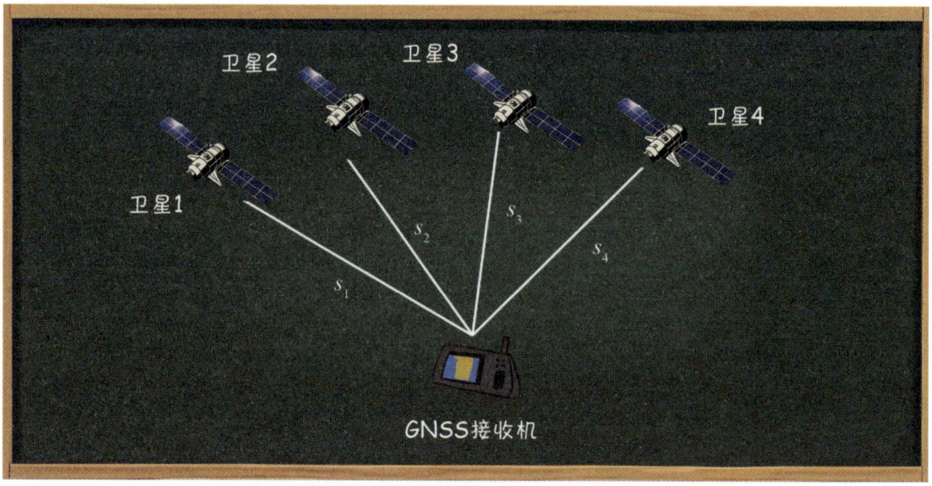

图 3.17 四星定位示意图

$$\begin{cases} s_1 = \sqrt{(x_1 - x)^2 + (y_1 - y)^2 + (z_1 - z)^2} + c \times \Delta t \\ s_2 = \sqrt{(x_2 - x)^2 + (y_2 - y)^2 + (z_2 - z)^2} + c \times \Delta t \\ s_3 = \sqrt{(x_3 - x)^2 + (y_3 - y)^2 + (z_3 - z)^2} + c \times \Delta t \\ s_4 = \sqrt{(x_4 - x)^2 + (y_4 - y)^2 + (z_4 - z)^2} + c \times \Delta t \end{cases}$$

主要的几大卫星导航系统

美国的 GPS（Global Positioning System，全球定位系统）是全球首个实现全天候、实时响应的卫星导航与定位系统。它不仅引领了技术前沿，还成为全球范围内应用较广泛、技术成熟度较高的导航定位解决方案之一。自 20 世纪 70 年代起，GPS 系统便致力于达到并超越最优定位系统标准。其高效运作得益于遍布全球的地面控制及监视网络，该网络持续监控卫星的运行状况。除了核心的定位功能，GPS 系统凭借其卫星上搭载的高精度原子钟，进一步提供标准化的 PVT（Position 位置、Velocity 速度、Time 时间的英文首字母）服务。这一服务分为两个精度层次，一是面向广大民用市场的标准定位服务，二是专为美国军方及特定政府机构设计的精密定位服务。两者共同构成了 GPS 系统灵活多样的服务模式，满足了从日常生活到军事战略等不同层面的需求。

在卫星导航系统技术的发展进程中，苏联也展开了相关研究工作，其成果便是 GLONASS——由苏联发起的星基全球无线电导航系统。苏联解体后，俄罗斯继承并深化了 GLONASS 的研发。该系统在诸多方面与美国的 GPS 系统有着异曲同工之妙，同样依赖于伪随机测距码来实现 PVT 综合服务。然而，在信号传输方式上，GLONASS 采取了与 GPS 截然不同的策略，即采用频分多址技术。这意味着每颗卫星都在独特的频率上播发相同的测距码，而不是 GPS 所采用的码分多址方式。尽管 GLONASS 与 GPS 几乎同步启动并投入运营，但初期阶段，GLONASS 面临着卫星寿命短暂及建造进度滞后的挑战，这在一定程度上限制了其应用范围的拓展与性能的优化。为此，俄罗斯启动了 GLONASS 的现代化升级计划。2003 年，首颗现代化 GLONASS-M 卫星成功发射，并于 2004 年 12 月正式投入服务。至 2011 年，随着最后一颗 GLONASS-M 卫星顺利入轨，该系统在轨卫星数量达到了设计目标的 24 颗，标志着 GLONASS 现代化改造项目的圆满完成，实现了满星座的部署目标。

欧盟的 GALILEO 卫星导航系统于 1999 年初正式启动，历经多年建设，于 2016 年完成部署并转向商业运营模式，专注于民用服务。GALILEO 系统不仅能够提供实时、米级精度的定位信息，还具备在火车运行、飞机着陆等高度依赖精准导航且对安全性有严格要求的应用场景中提供服务的能力。尤为值得一提的是，GALILEO 系统还设计了服务失败的实时通知机制，这一特性是 GPS 和 GLONASS 所不具备的。

在全球卫星导航技术的演进历程中，北斗卫星导航系统（Beidou navigation satellite system，简称 BDS）是中国自主设计、独立运营的卫星导航系统，具有重要的里程碑意义。它不仅凝聚了中华民族的智慧与创造力，更彰显了中国人民勇于探索、不懈进取的开拓精神。北斗系统的崛起，是中国在科技领域自立自强、追求卓越的生动体现。以下是北斗卫星导航系统的发展历程。

1. 北斗一号 弥补短板

1994 年，我国毅然启动了“双星导航定位系统”的建设项目，这便是后来享誉世界的北斗一号卫星导航系统的前身。它标志着我国在卫星导航领域迈出了关键一步，弥补了长期以来的技术短板。

北斗一号是典型的无线电测定卫星业务系统，其体系架构由空间段、测控段及地面应用段三大核心部分构成。如图 3.18 所示，空间段由三颗地球静止轨道（geostationary earth orbit，GEO）卫星组成，采用“二主一备”的配置模式。这三颗卫星分别锚定东经 80°、140°、110.5° 的轨道位置，确保了系统的稳定运行与备份能力。测控段则是北斗一号的“神经中枢”，地面监测站承担着定位通信、时间同步信息收发、处理及系统整体运维监控的重任；遍布服务区域的 33 个标校站则构成了标校系统，它们如同精准的坐标点，为系统提供定位基准参数，保障定位精度。地面应用段则是用户直接接触的界面，用户机作为终端设备，将北斗一号的服务直接送达用户。

北斗一号的服务覆盖区域广泛，横跨东经 70° 至 145°、北纬 5° 至 55° 的广袤区域，不仅覆盖中国全境，还延伸至周边国家和地区。尤为值得一提的是，2003 年成功入轨的第三颗 GEO 卫星，不仅增强了系统的定位冗余度，还实现了在获取用户高度信息基础上的无源定位功能，进一步提升了北斗一号的综合服务能力。

图 3.18 北斗一号空间段

鉴于北斗一号卫星数量有限，无法实施四星定位策略，它创新性地采用了基于两颗卫星的有源定位机制。该机制的基本操作流程如图 3.19 所示。

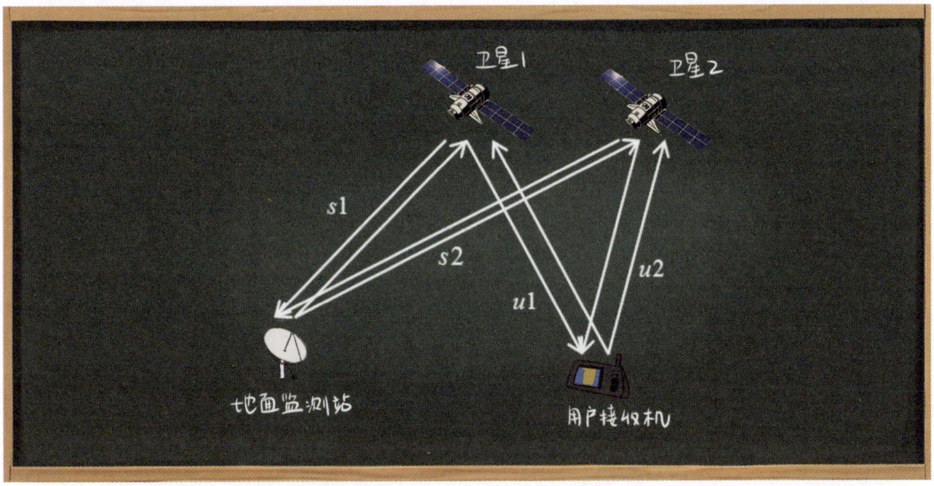

图 3.19 北斗一号通信示意图

首先，地面监测站通过北斗一号中的卫星 1 与卫星 2 向用户发送询问信号。若用户有定位需求，用户设备会接收这些信号并回传应答信号，应答信号沿原路径返回至地面监测站。地面监测站随后测量到两个距离值，即 $s1+u1$ 和 $s2+u2$，其中 $s1$ 和 $s2$ 分别代表卫星 1 与卫星 2 到地面监测站的已知空间距离，而 $u1$ 和 $u2$ 则是用户到这两颗卫星的未知距离，通过两颗卫星接收数据的时间可计算出 $u1$ 和 $u2$。

接下来，以卫星 1 和卫星 2 为球心，$u1$ 和 $u2$ 为半径，构建两个球面。理论上用户应位于这两个球面的交点上。为了精确定位用户，还需结合第三个参量：用户到地球中心的距离。这一距离可通过地面监测站存储的数字地图信息或用户自备的测高仪测得的高程数据计算得出。利用这三个参量，依据三球交会的几何测量原理，即可精确确定用户的位置，实现卫星定位功能。

在北斗一号的有源定位过程中，双路信号的传输时间由地面监测站的高精度时钟精确控制，从而有效消除了用户端时钟误差对定位精度的影响，减少了对额外卫星的需求。同时，用户自身提供的高度信息也进一步降低了对卫星数量的依赖。因此，即便仅利用两颗卫星，北斗一号也能成功解算出用户的位置，展现其高效的定位能力。

总体而言，北斗一号卫星导航系统凭借 GEO 卫星部署，实现了宽广的覆盖区域。其显著特点在于导航数据处理集中于地面监测站进行，这一设计降低了用户设备的计算与处理负担，赋予了系统天然的差分优势及强大的通信功能，为集中化的指挥、控制与管理提供了便利。然而，北斗一号亦非尽善尽美，它要求用户发射应答信号以进行定位，这一机制在一定程度上牺牲了隐蔽性；同时，用户设备因功能全面而面临体积偏大、功耗较高的挑战；此外，系统的定位实时性相对有限，且定位精度在不同区域可能不均衡。

2. 北斗二号 追赶世界

值得强调的是，无线电频谱资源并非取之不尽，实为稀缺宝贵之物。中国自主研发的北斗卫星导航系统所采用的频段，在国际上被视为继美国 GPS 与俄罗斯 GLONASS 之后的“优先选择”。2009 年，中国通过成功发射三颗北斗二号卫星，正式宣示了对该频段资源的合法拥有与使用。至 2012 年底，北斗二号完成了由 14 颗卫星（包括 5 颗地球静止轨道卫星、5 颗倾斜地球同步轨道卫星、4 颗中圆地球轨道卫星）构成的星座部署，并配套建设了包含 1 个主控站、2 个注入站及 27 个监测站在内的地面支持系统，全面投入运营，如图 3.20 所示。这一成就不仅标志着中国卫星导航“三步走”战略的坚实迈进，更让北斗二号系统在国际舞台上脱颖而出，不仅超越了欧盟的 GALILEO 系统，也实现了对全球领先技术的奋力追赶。

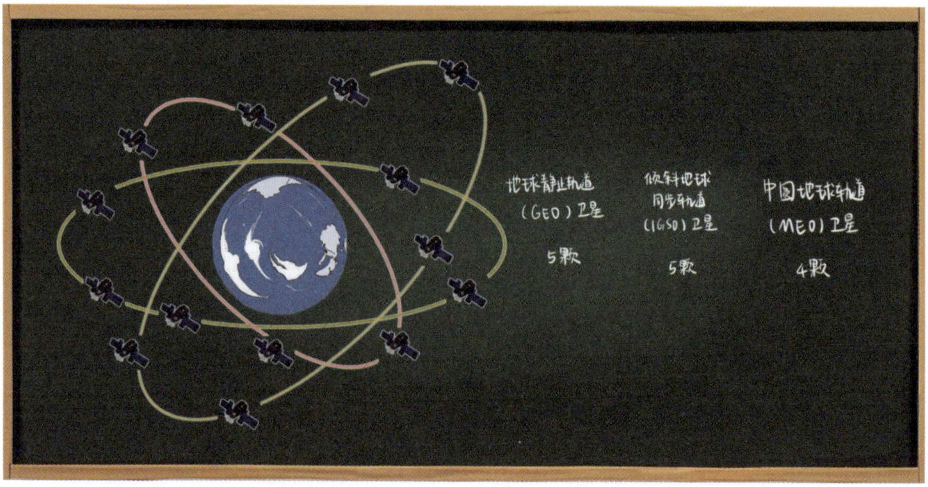

图 3.20 北斗二号示意图

北斗二号作为区域性卫星导航系统（regional navigation satellite system，RNSS）的典范，在继承北斗一号技术体系的基础上，创新性地引入了四星无源定位技术，其服务范围广泛覆盖东经 55° 至 180° 、南北纬 0° 至 55° 的区域，包括具有重要战略意义的亚丁湾海域。北斗二号为用户提供了包括定位、测速、时间同步及短报文通信在内的全方位服务，且水平定位精度已提升至 30 米以内，展现了卓越的性能与广泛的应用潜力。这一进步不仅推动了中国卫星导航技术的飞跃，也促使了美国、俄罗斯加速技术迭代，带动了新一代 GPS 与 GLONASS 系统在定位精度等关键指标上的显著提升。

3. 北斗三号 比肩超越

时间来到 2020 年，北斗三号成功组网。这不仅有效提高了北斗系统在境外服务的精度，也极大增强了我国综合国力和全球影响力。北斗三号的空间段由多元化的混合星座构成，在不同高度的轨道上科学部署了 30 颗卫星，具体包括 3 颗地球静止轨道卫星、24 颗中圆地球轨道卫星、3 颗倾斜地球同步轨道卫星。其空间段布局如图 3.21 所示。地面部分作为整个系统的“神经中枢”，包括了 1 个主控站、2 个注入站、30 个监控站，负责北斗三号的全面控制、数据计算、信息处理与高效管理。用户段则广泛多样，既可以是专为北斗卫星导航系统设计的接收机，也可以是兼容多卫星导航系统的综合设备。

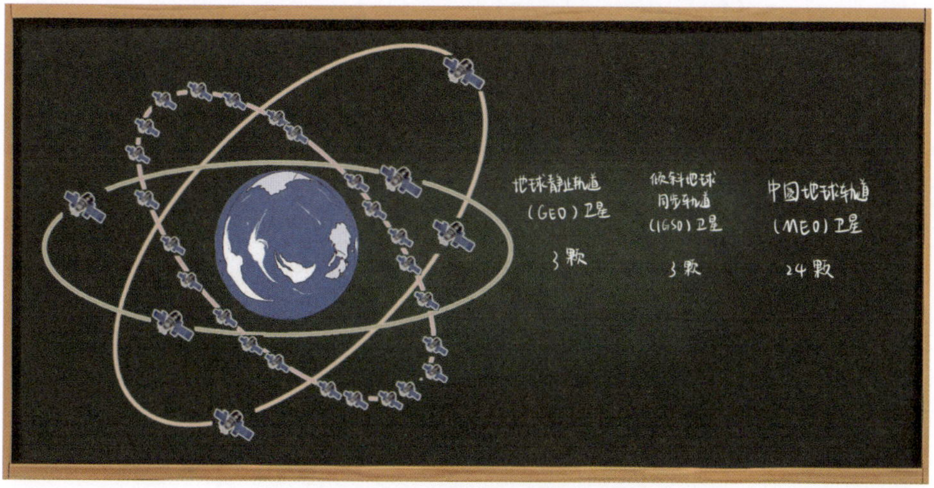

图 3.21　北斗三号空间段布局示意图

相较于其他的全球性卫星导航系统，北斗三号独具特色。首先，它集独立的定位与通信功能于一身，尤其适用于需要导航辅助与即时数据通信的复杂环境，如搜救行动等；其次，北斗三号特别适合用于大规模监控管理、数据采集及传输等应用场景，如交通运输调度、指挥系统及地理信息的实时查询；再次，北斗三号提供了丰富的卫星增强服务，进一步提升了服务品质；最后，北斗三号在系统自主性、安全性及稳定性方面均达到了高水平，采用了针对关键部门需求的高强度加密机制，确保了信息传输的安全可靠。

时至今日，人们提及的北斗卫星导航，更多是指已经成熟应用于全球的北斗三号。从最初的基础薄弱，到如今在全球卫星导航领域璀璨夺目，中国历经了不懈的努力，取得了卓越的成就，展现了国家科技力量的飞跃与崛起。北斗三号不仅继承了 BDS 系统一贯的有源与无源定位技术传统，更在此基础上展现了显著的比较优势，为全球用户提供了更加精准、可靠的导航与定位服务。

3.3.2 天文导航

在茫茫无垠、缺乏显著地标的海域，航海家依赖皓月、炽日、闪烁的恒星、海天交界线来进行航位推算。天文导航作为确定位置的关键手段，重要性不言而喻。航海者使用天文导航时，必须对全年不同时节及南北半球各异的星座了如指掌。例如，南十字星座作为南半球独有的天际标识，在北半球夜空中难觅踪迹；而北斗七星作为北半球夜空中的璀璨明珠，在南半球夜空中隐没不见。

回溯历史，宋元时期，得益于统治者对海上贸易的大力支持，我国观星定位技术蓬勃发展，积累了深厚的底蕴。时光流转至明代，当郑和率领船队远航西洋时，我国已掌握了通过观测天体高度进行精准定位的技艺。正如古语所云：“观日月之升降，以定方向；察星斗之高低，以量远近。”在这一技术的辅助下，航海家们能够“以星引航”，在一定程度上确保航程顺利。这一过程不仅展现了我国古代航海技术的卓越成就，也体现了天文导航在探索未知海域中的不可替代作用。

天文导航是一种利用自然天体作为参考基准的导航方式。它首先依赖于安装在载体上的天体敏感器，精准测量这些天体的距离（或位置）、角度及速度等关键数据。随后，通过运用几何解算方法或采用最优估计算法，对这些测量数据进行处理，从而推导出载体的精确位置、姿态、速度等导航信息。这一过程不仅体现了对天体观测技术的深入应用，也展示了导航算法在复杂环境下的高精度解算能力。

基于天文量测量的不同维度，天文导航细分为天文定位、天文测速等类别。其中，天文定位凭借技术的成熟度与广泛的应用性，在众多细分导航方式中脱颖而出。接下来，我们对天文定位、天文测速的测量原理进行简要阐述。

天文定位原理

天文定位是利用恒星、行星、行星卫星等天体进行导航定位的一种方法。下面以船舶在海上的定位为例，介绍天文定位原理。

如图 3.22 所示，假设两个天体与地心的连线和地球表面相交于点 a、b，这两个点被称为天体投影点。若能知道投影点 a 和 b 的地理位置，并且观测者能够分别测得船舶到投影点 a 和 b 的距离 z_a 和 z_b，则可以以 a 和 b 为圆心，以 z_a 和 z_b 为半径，在船舶附近作两段圆弧（称为天文船位圆）。这两段圆弧的交点 M，就是天文导航解算得出的船舶位置。

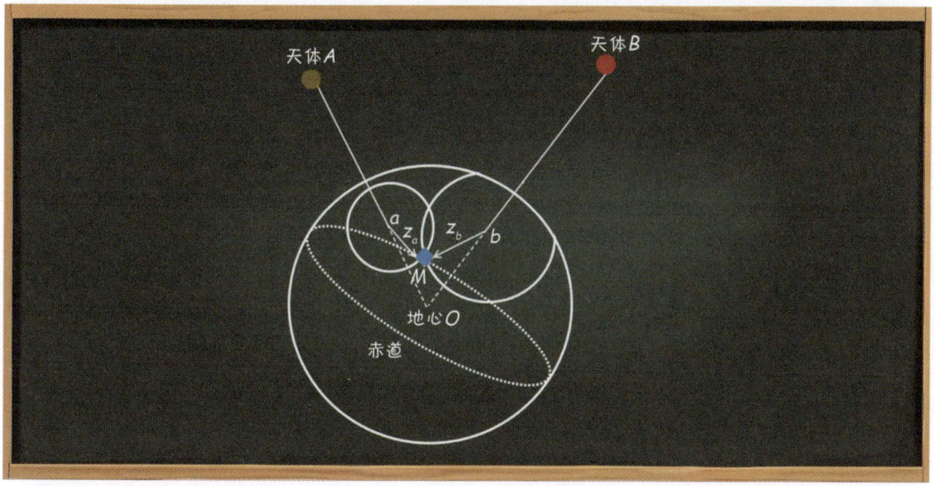

图 3.22 天文定位原理图

但是在实际应用中，天体在地面的投影是观测不到的，并且天体在不停地运动，天体及其投影点的位置会随时间不断变化。因此，要实现天文定位，需要解决以下三个问题。

① 求天体投影点的位置，以确定天文船位圆的圆心。

由于天体投影点无法直接观测，其位置必须通过天体的位置来确定。因此，我们需要研究天体的坐标，以确定观测者的地理坐标。为了便于求解这一问题，人们提出了“天球”的概念。天球是一个假想的球体，地球位于其中心，天体则被视为位于天球表面的点。

地球和天球的关系如图 3.23 所示。小圆表示地球；大圆表示天球，天球以地心为球心，半径可以视为无限大。地球上的点、线和圆可扩展到天球上形成对应的点、线和圆。例如，地球上的赤道 qq'、北极 P_n 和南极 P_s，扩展到天球上，分别对应天赤道 QQ'、天北极 P_N 和天南极 P_S。这样，天体在天球上的坐标就与它在地球上投影点的坐标相对应。假如天体 B 的位置在天球上用格林尼治时角和赤纬表示，那么这些数值与地球上投影点 b 的经度 λ_b 和 φ_b 纬度是相等的。

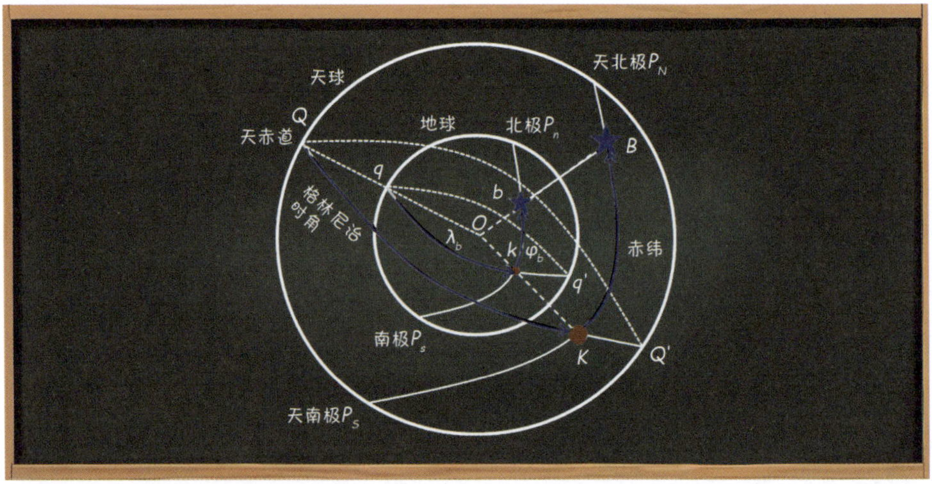

图 3.23 天球与地球概念图

任一个天体的格林尼治时角和赤纬都可以通过《航海天文历》查询得到。因此，天体投影点的经纬度即可确定，并可在海图上标出，这就是天文船位圆的圆心。

② 求船舶到投影点的距离，以确定天文船位圆的半径。

如图 3.24 所示，B 为天体，b 是 B 在地球表面的投影点，M 为船舶位置。船舶到投影点的距离为 z_b，即天文船位圆半径为 z_b。由于天体距离地球非常远，从天体射向地球表面和地心的光线可以近似为一束平行光线，h 为天体的高度角，可用六分仪观测得到，则有 z_b = 地球半径 $\times(90°-h)\times\pi/180°$。

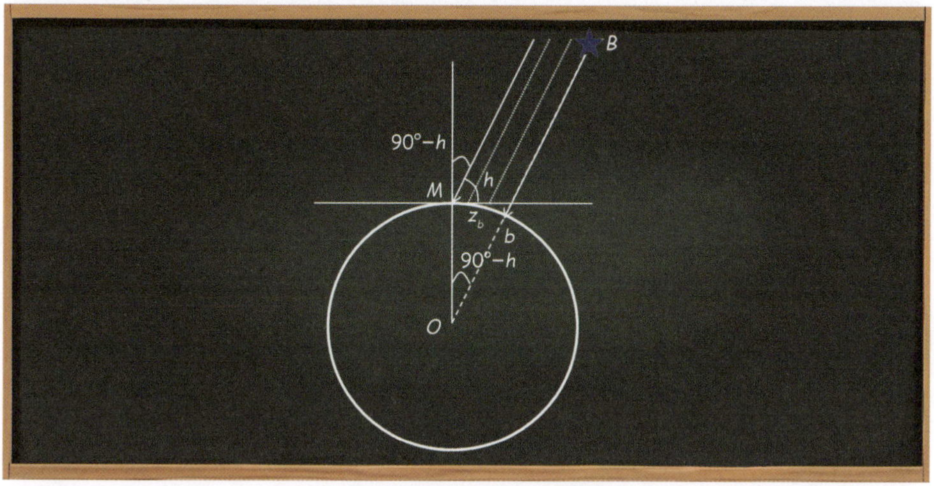

图 3.24　船舶与天体投影点

③ 在海图上画出船位，求得船舶所在的经纬度。

传统在海图上作图求船舶位置的方法，由于天文船位圆的半径通常有几千海里，无法将船舶位置精确到 1 海里（约 1.852 千米）以内。为此，人们常使用距离差法来确定船舶精确的经纬度信息。

一般来说，船舶的天文观测位置总是在推算船位（通过罗经航向、计程仪航程等仪器绘算得出的船舶位置）的附近。因此，只要在推算船位附近绘制一小段船位圆圆弧，就能够包含船舶的天文观测位置。由于天文船位圆的半径很大，这一小段圆弧可以近似看成直线，此直线被称为船位线。通过下述方法，可以使用推算船位作为桥梁，画出船位线。

如图 3.25 所示，b 为天体的投影点，c 为推算船位，mm' 为船位圆的一小段圆弧，cb 为方位线。由于 c 和 b 两点的坐标已知，因此它们之间的方位角 A_c 和距离 z_c 可通过计算求得。MM' 是船位圆上通过 K 点的切线，与方位线 cb 垂直。MM' 就是我们要求的船位线。因此，确

定了 K 点后，船位线也就得到了。而 K 点的确定是以推算船位 c 为基准，通过方位角 A_c 和距离差 z_c–z_0 来确定的。其中，z_0 通过观测得到，A_c 和 z_c 通过解算球面三角形得到。

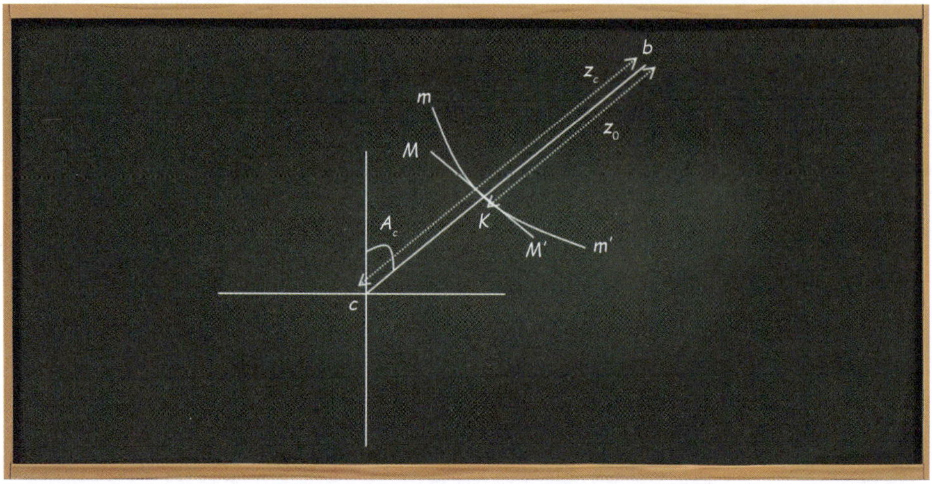

图 3.25 距离差法作图求船舶的天文观测位置

如图 3.26 所示，c 点为推算船位，b 为投影点，P_n 为北极，连接三点构成一个球面三角形 ΔcP_nb。其中，弧长 $cP_n = 90°-\varphi_c$，弧长 $P_nb = 90°-\delta$（φ_c 为 c 点的纬度；δ 为对应天球上的赤纬，与地球上对应投影点的纬度相同，即 $\delta = \varphi_b$），$\angle cP_nb = |\lambda_b-\lambda_c| = \Delta\lambda$（$\lambda$ 为对应点处的经度），由这三个条件，便可以求解出 A_c 和 z_c。

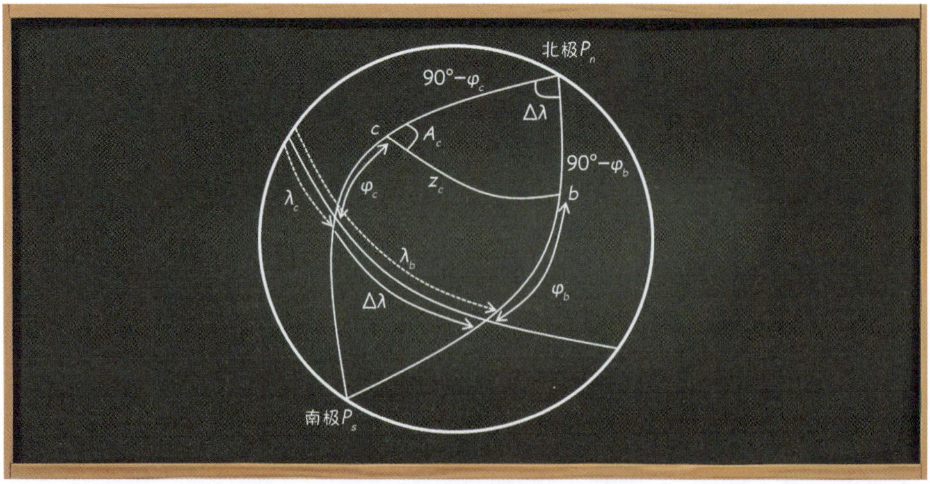

图 3.26 解算球面三角形

同理，可以计算出另一天体的 A_c 和 z_c。在海图中画出两条船位线，其交点就是船舶的天文观测位置，即可实现天文定位。

天文测速原理

1842 年的一个寻常时刻，多普勒携其女在铁路道口嬉戏，一个有趣的声学现象引起了他的注意：一列火车从远方缓缓驶近，其汽笛声的音调逐渐升高；而当火车逐渐远去，汽笛声的音调又逐渐降低。这一现象，即波源与观测者间相对运动导致物体辐射波频率发生变化的效应，后来被命名为多普勒效应。

将这一原理拓展至浩瀚宇宙中，当航天器穿梭于星辰之间时，无论它是在远离还是接近某颗恒星，恒星发出的光芒的频率（光频率，简称光频）都会发生微妙变化——远离时光频率减小，靠近时则增加。这种光频的变化，实际上成了航天器与恒星间相对运动的“无声见证”。通过精密测量这些光频的偏移量，科学家们能够推导出航天器与恒星之间的相对速度。

更进一步地，若是对三颗或更多恒星进行同步观测，不仅能捕捉到航天器相对于每颗恒星的单一速度信息，还能构建出多维速度矢量图，如图 3.27 所示。该图描绘了航天器在宇宙空间中的运动方向。对速度数据进行积分运算，便能解算出航天器在宇宙中的相对位置矢量，为深空探索提供了不可或缺的导航依据。这便是天文测速的原理。

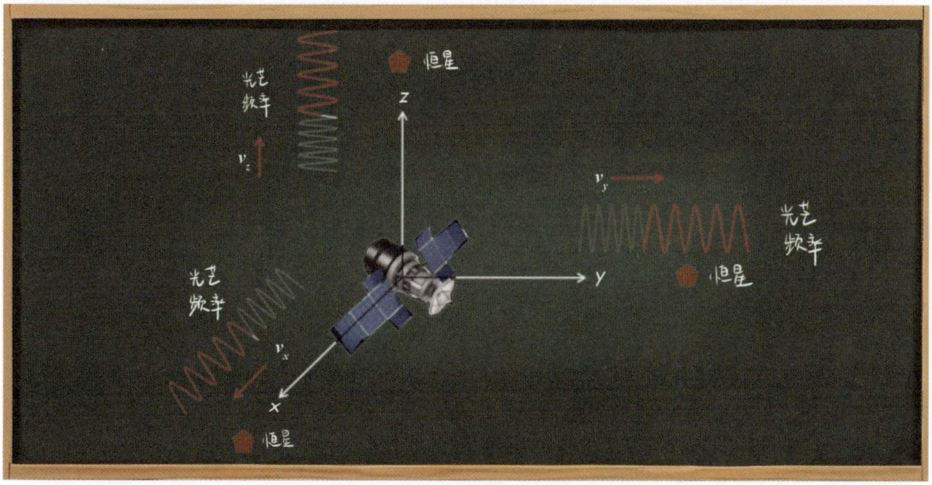

图 3.27　多维速度矢量图

3.3.3 视觉导航

在日常生活中，大部分的信息通过双眼获取。眼睛捕捉当前视野中的物体信息并反馈给大脑，大脑根据这些信息决定是继续前行还是转弯。受此启发，模拟生物视觉的视觉导航方法被提出，且随着计算机算力的发展，针对该项导航方式的研究越来越火热。

视觉导航技术通过在载体上安装的视觉传感器捕捉环境数据，进而解析出载体的位置、姿态等动态参数，确保载体能够安全且精准地从起始点导航至目标点。根据对先验信息的依赖程度，视觉定位技术可细化为基于先验图信息的视觉定位与无须先验图信息的视觉定位两大类别。

基于先验图信息的视觉定位技术首先需构建或获取基准视觉地图作为参照。随后，系统将实时捕捉的环境图像与这些先验图信息进行精确匹配，从而计算出载体的位置信息。这种定位方式属于绝对定位，其定位结果直接映射到与先验图相同的坐标体系内，确保了全局位置的一致性，如图 3.34（左）所示。

与前者不同，无须先验图信息的视觉定位技术适用于缺乏基准视觉地图的未知环境。它依赖于对载体姿态及其周围环境的即时估计与构建，这一过程被称为同步定位与地图构建（simultaneous localization and mapping，SLAM）。由于不依赖外部的绝对位置参照，这种定位方式属于相对定位。在缺乏全局参照点的情况下，其定位结果不具备全局一致性，如图 3.28（右）所示。

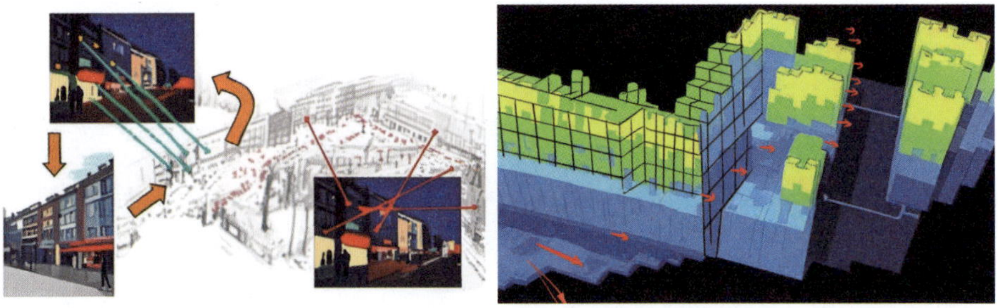

图 3.28 基于先验图信息的视觉定位（左）与无须先验图信息的视觉定位（右）

实际上，空间内物体表面点的三维几何坐标与其在图像平面上的投影点之间，存在由视觉传感器成像模型所决定的固有对应关系。在实践中，这一流程首先需要对视觉传感器进行标定，以获取精确的成像模型参数。随后，利用这些参数对捕获的图像进行一系列处理、分析及计算，旨在实现对运动载体周围环境的全面感知，进而实现其定位导航功能。同时，该技术还能对运动目标进行有效检测、跟踪定位及精确测量。

在运动载体的定位导航实现过程中，主要存在两种策略：基于先验图信息的图像匹配定位导航（亦称景象匹配定位导航）和视觉SLAM 技术。前者通常基于单幅图像实现载体的位置确定，后者倾向于利用连续的视频序列图像实现导航定位。值得注意的是，这两种方法在实际应用中并非孤立，而是可以根据具体需求灵活融合，以提供更强大、更准确的定位导航解决方案。

景象匹配定位导航原理

景象匹配定位导航是一种高精度的定位导航方法。它利用运动载体（如飞机、导弹、机器人等）搭载的图像传感器在航行过程中采集景象实时图，并将景象实时图与预先制备的景象基准图进行实时匹配计算，从而获得精确定位信息。

景象匹配定位导航的工作原理如图 3.29 所示，匹配计算分为粗匹

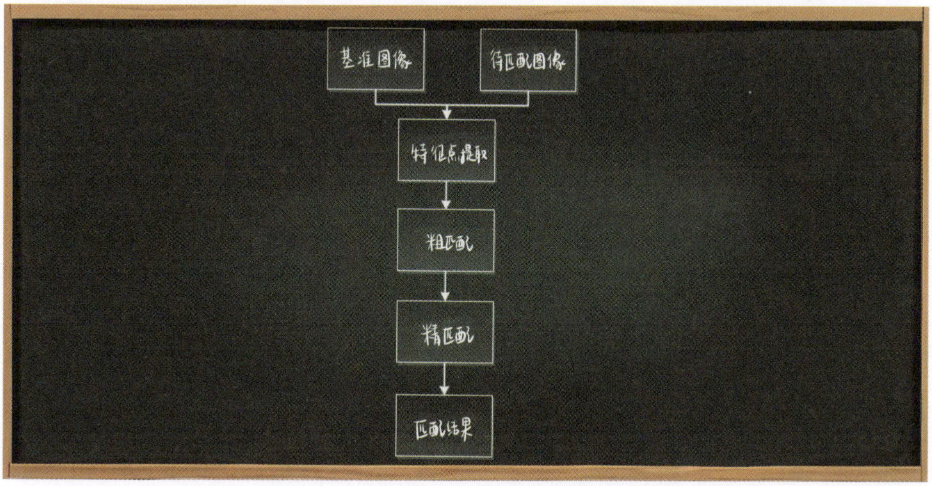

图 3.29　景象匹配定位导航工作原理图

配和精匹配两个阶段。在获取景象实时图后，通过图像滤波、图像增强、缩放变换和旋转变换等图像处理手段对其进行预处理。预处理的目的是减小景象实时图与景象基准图的差异，为后续匹配计算奠定基础。粗匹配阶段通过快速算法确定景象实时图与景象基准图之间的粗匹配关系，匹配误差为 1 ~ 2 像素。粗匹配的目的是快速缩小搜索范围，为精匹配提供初始解。该阶段使用的快速算法能够确保匹配计算的实时性，非常适合动态环境中的快速定位需求。精匹配阶段在粗匹配的基础上，综合考虑随机误差、辐射畸变与几何畸变，构建景象实时图与景象基准图之间灰度分布关系的非线性模型，通过最小二乘法实现精匹配计算，匹配误差低至 0.3 ~ 0.5 像素。

景象匹配定位导航通过粗匹配和精匹配相结合，能够实现极高的定位精度，适用于对精度要求极高的应用场景。这种技术通过图像预处理和非线性模型优化，可适应各种复杂的环境条件和载体运动状态。

除了使用单台相机实现景象匹配，工程上还经常使用双目相机模拟人眼，实现定位导航功能。双目立体视觉技术是一种模拟生物视觉的先进方法，其工作原理如图 3.30 所示。在机器视觉的应用中，该技术通常利用双目相机，从两个视角同步捕捉两幅周围环境的数字图像，或者利用单目相机在不同时间点从不同角度拍摄，得到类似的两幅数字图像（双视角图像）。随后，依据视差原理，对图像进行深度解析，恢复物体的三维几何特征，进而重建周围景物的三维形态并精准确定其空间位置。

常见的双目立体视觉系统多采用汇聚式布局。然而，在实际应用中，为了简化处理流程，通常会将此类系统获取的图像对转换为平行光轴立体视觉系统（亦称基础型双目立体视觉系统）的图像对，如图 3.31 所示。这种转换确保了两个相机焦距一致，且主光轴保持平行并垂直于投影面与像平面。此外，两个相机的投影平面与像平面位于同一平面内。这样的配置极大地简化了后续三维重建与定位计算的过程。

平行光轴立体视觉系统的视差是左右图像对应像点 x 坐标的差值，将视差映射为灰度值，可生成视差图。利用双目视觉技术，可以计算出相机到障碍物的距离，为运动载体自主避障提供支撑。

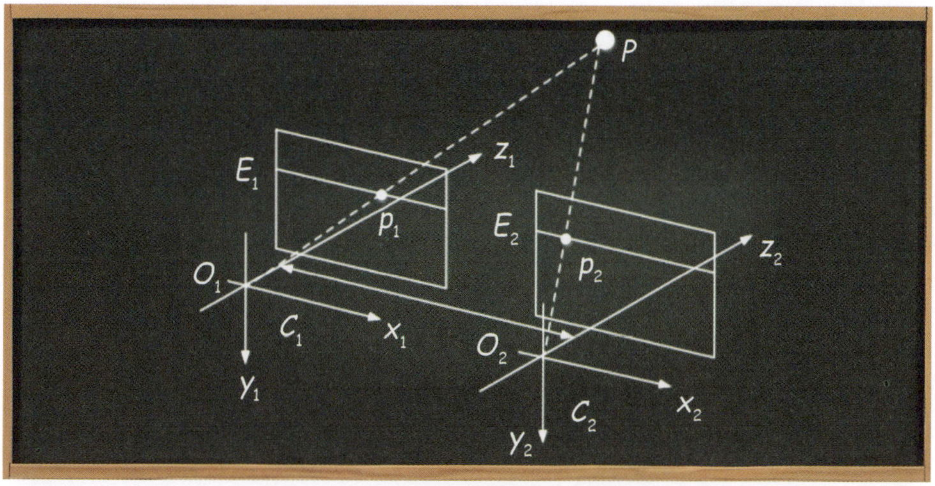

图 3.30 双目立体视觉技术原理图

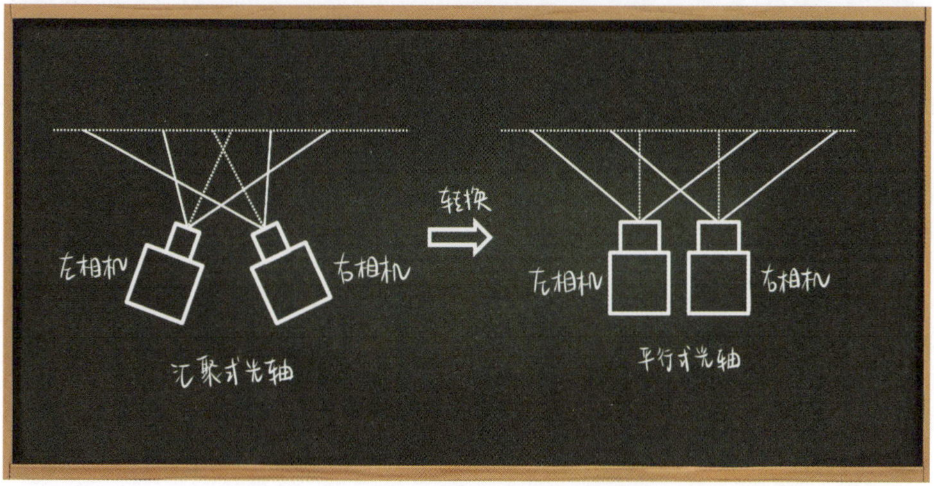

图 3.31 平行式和汇聚式布局示意图

视觉 SLAM 技术原理

在探索未知环境时，为了有效解决运动载体的环境感知、定位与地图构建这一综合性问题，对连续的视频序列进行深入处理尤为重要。精确定位是实现导航的前提，而准确的地图构建又紧密依赖于定位信息的精确性。这两者之间形成了相互依存、误差相互影响的复杂关系。在未知环境的实际应用中，细致分析视觉传感器捕捉的图像数据，能够实现运动载体位姿的实时估算与周围环境的动态重构，进而达成定位与导航目标。这种基于视觉传感器图像信息的同步定位与地图构建（SLAM）技术，当与惯性导航系统、里程计等融合时，衍生出更强大的解决方案，如视觉惯性 SLAM、视觉惯性里程计 SLAM 等，进一步提升了系统的鲁棒性与准确性。

相机的运动，或更广泛地，任何载体的运动，在三维空间中均可视为刚体运动。这意味着其相邻两个时间点的位姿（称为相机位姿）之间的转变，包含平移与旋转两个维度，如图 3.32 所示。这种由相机或载体运动所引起的周围空间相对位姿变化，本质上是一种动态过程。正是这种变化，促使视觉传感器连续捕捉并生成图像序列，而这些图像序列自然而然地蕴含了上述运动所引发的所有位姿变化信息。

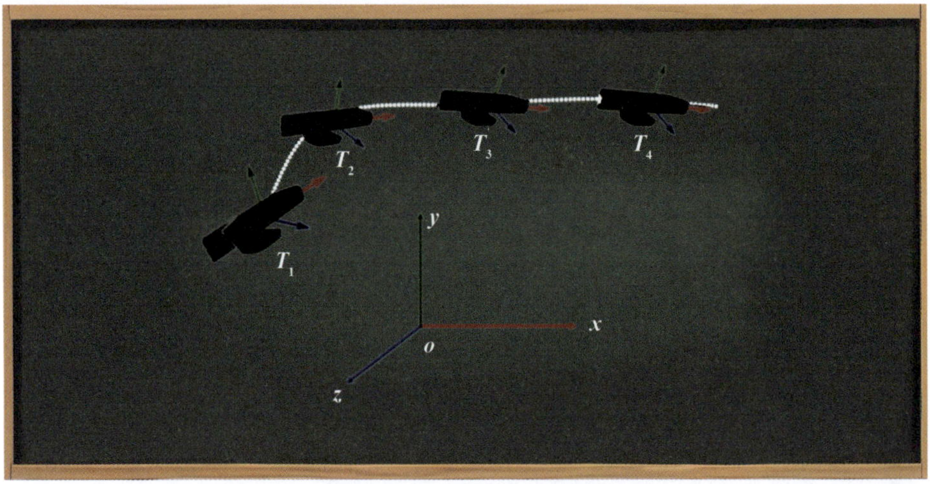

图 3.32　相机位姿变化示意图

在三维空间中，目标运动直接驱动图像中像点位移，这一位移现象进而引发图像上目标亮度分布模式的转变。本质上，这是将三维空间中的运动变化映射至二维像平面上，从而引起图像内容的动态演变。若为图像中的每一个像点赋予一个速度矢量，这些矢量的集合便构成了图像运动的表征。该表征与空间目标的三维运动状态紧密相关。这种由图像亮度模式表观运动所构成的整体描述，称为光流场，它全面地反映了空间目标或相机运动的信息。

反过来，通过对图像动态变化的分析，能够逆向推导出三维空间目标的运动状态，这一过程即为运动分析。在追求高效、准确的运动检测与运动估计过程中，需以图像变化为依据，不断提升算法的鲁棒性和可靠性。然而，在实际工程应用中，尤其是面对光流场与真实运动场不完全匹配的复杂情况时，如何有效利用图像动态信息实现精准运动分析，成为亟待解决的挑战性问题。

通过解析三维空间目标在相机坐标系与图像坐标系之间的精确投影关系，并结合相机运动的数学模型及光流计算，能够有效估计相机的动态位姿信息。这一关键步骤使得后续能够全面且准确地描绘周围环境的空间结构，如图 3.33 所示，为构建环境地图奠定了坚实基础。

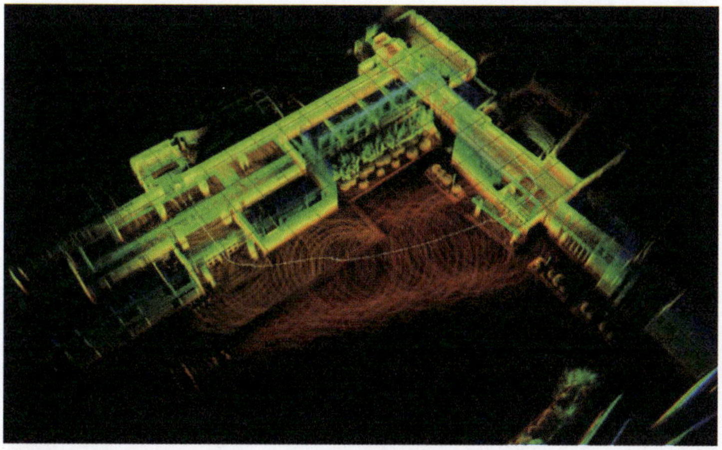

图 3.33 SLAM 定位建图示意图

3.3.4 声学导航

“眼观六路，耳听八方”这句话充分说明了视觉和听觉在人类日常行动中的重要作用。历史上，以声音作为导航手段的应用屡见不鲜。军事需求的迫切性与人类航海探险的广泛实践，尤其是 20 世纪上半叶两次世界大战的爆发，以及战后军事强国间在水下领域的激烈竞争，极大地推动了水声学与电子学理论的快速发展及其技术应用的革新。这些进步使得声学导航技术在水下环境中脱颖而出，展现出独特的魅力与重要的价值。

声学导航的测速原理

以单波束发射为例，图 3.34 展示了一种声学导航测速的基本原理——多普勒测速原理。

船底部装设有多普勒测速换能器，该设备面向海底，以与船行进方向成 α 角、频率为 f_s 的声波进行发射。声波触及海底后发生反射，随后反射的声波被同样安装于船底的换能器接收。此过程中，船以速度 v 行进，换能器也随之移动，因此发射与接收声波时的位置存在差异。鉴于船行进速度相较于海水中的声速微不足道，在较短的测速采样时段内，我们可合理假设 $\alpha' \approx \alpha$ 条件成立，从而使得分析可在声速的直线传播路径上简化为等效处理。

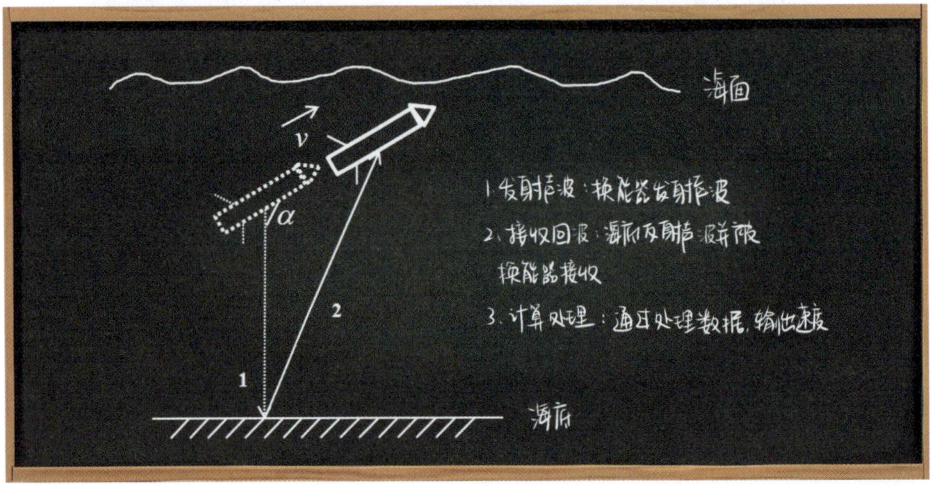

图 3.34 多普勒测速原理

依据声波传播的多普勒效应原理，我们可以推导出换能器最终接收到的声波频率 f' 的表达式，为

$$f' = f_s\left(1 + \frac{2v\cos\alpha}{c}\right) \Rightarrow v = \frac{c\left(f' - f_s\right)}{2f_s\cos\alpha}$$

这一频率反映了船运动对声波频率造成的影响，是计算船行驶速度或监测海底特性时不可或缺的关键参数。

由此可知，一旦我们测定了声波的多普勒频移量 $f'-f_s$，结合已知的声速、换能器工作频率及声波掠射角度，便能精确计算出船的行驶速度。进而，通过速度对时间的积分，即可获得总航程。

声学导航的测距原理

声学不仅可以用于测速，还可以用于测距。以下以船舶测深场景为例，介绍测距的基本原理。

测距的实现依赖于精确测量声波从发射到被反射并接收的时间间隔。在船底部布置两个关键组件：发射换能器 A 与接收换能器 B。它们之间的固定距离（基线）记为 S。发射换能器 A 负责按照既定的时间间隔向水体下方发射脉冲声波。随后，这些声波在触及海底时发生反射，其中一部分反射声波的能量被接收换能器 B 捕获。

一旦我们准确测量出声波从发射到被接收所耗费的时间 t，便能够依据这一数据计算出船底部与海底之间的实际距离。具体的计算依据是声波在水中的传播速度 c 与时间 t 的乘积，再除以 2（因为声波需要往返于发射与接收之间），然后根据三角形定理得出船底部至海底的精确距离（一般指船底至海底的垂直距离）。这一测距方法不仅原理清晰，而且在实际应用中展现出高度的准确性和可靠性。

3.3.5 神奇的多源导航组合滤波器

在介绍了惯性导航的外援后，我们自然而然会思考一个问题：这些外援怎么帮助惯性导航系统呢？答案在于滤波器的整合能力。

通过整合不同类型的导航系统，我们能够获得超越单一系统精度的卓越输出。这一成就归功于精心设计的组合滤波器，它们是实现这一飞跃的关键。现代控制理论为构建这样的组合系统提供了坚实的理论基础，其中，卡尔曼滤波技术在惯性导航领域获得了广泛应用。

在惯性导航系统中，系统状态由位置误差（包括纬度、经度、高度误差）、速度误差、航向与姿态误差（如纵摇角、横摇角），以及陀螺仪漂移和加速度计零偏等参数共同构成。这些系统状态是前一时刻状态在惯性传感器误差与系统误差传播规律作用下的演变结果。

当某些系统状态可通过外部导航系统直接观测时，我们便可以利用这些观测值，通过持续的状态估计，不断优化内部导航系统的状态，使输出误差最小化。卡尔曼滤波正是实现这一过程的核心技术，它建立在系统状态方程与观测方程的基础之上。

具体而言，系统状态方程描述了系统状态如何依据系统内部变化规律及误差因素，从上一时刻转移到当前时刻；而观测方程则反映了通过外部测量手段获取的状态信息，同时考虑了测量手段本身的误差与噪声。卡尔曼滤波通过这两个方程，实施迭代计算策略，即基于前一时刻的测量值预测当前状态，再根据当前测量值更新预测，从而逐步减小误差，使系统状态趋近于最优。

卡尔曼滤波作为一项理论上已臻成熟的技术，在惯性系统内的有效应用仍面临将深厚理论基础与复杂工程实践紧密结合的诸多挑战，需持续深入探索。

在卡尔曼滤波的设计过程中，核心关注点包括滤波器的收敛性、收敛速度及滤波精度。最优滤波追求系统误差方差的最小化，但现实条件下往往受限于各种因素，只能追求次优解。此外，稳定性是卡尔曼滤波乃至所有控制系统的基石，任何不稳定都将导致迭代计算误差发散，最终影响系统正常运行。

确保卡尔曼滤波效果的关键在于构建精确的惯性敏感器模型及系统误差模型。这一过程极具挑战性，不仅考验测试与建模技术，还依赖于惯性敏感器制造工艺的成熟度和性能的稳定性。

尽管如此，卡尔曼滤波仍然是组合导航系统的核心技术，是连接卫星导航、天文导航、视觉导航、声学导航等导航系统与惯性导航的一座桥梁。

第 4 章

从深海到陆海天空

4.1 冰海潜航

核潜艇惯性导航系统的精度主要通过运行时间内的位置误差、航向误差和水平误差来衡量。从20世纪70年代开始，美国第二代、第三代战略导弹核潜艇均采用了静电陀螺惯性导航系统。这些系统中的静电陀螺仪随机漂移仅为10^{-4}度/小时，每运行24小时系统的位置误差为0.3海里。每只静电陀螺仪的成本在2000年就已达到了40万美元，维修成本达到了14.7万美元，一套静电陀螺导航仪的成本超过200万美元。从第四代“俄亥俄”级核潜艇开始，美国逐步采用基于激光陀螺仪的惯性导航系统。该级别的核潜艇配备24具UGM-133A弹道导弹（三叉戟Ⅱ型导弹）发射装置，导弹最大射程超过12000千米，命中精度为90米，每枚导弹最多携带12个分弹头。艇上装备了两套激光陀螺仪惯性导航系统和一套静电陀螺仪监控器，惯导校准时间为18天（即可连续在水下潜航18天），每运行10小时系统定位误差为0.4～0.7海里，平均故障间隔时间为4000小时。

可以说，正是得益于惯性导航系统，潜艇才具备了在全球任意水域（包含北极地区）进行水下航行的能力。与南极地区不同，北极地区并非一片永恒的陆地，而是一个由浮冰组成的区域。在北半球的盛夏，北极地区可能是一片汪洋，而在寒冬，则是连绵的冰原。理论上，北极地区冰层下的水域无论何时都是可以通行的。这为开辟穿越北极地区的水下航线提供了可能性。

北极地区是科学研究的理想场所。由于特殊的地理位置，北极地区的大气、海洋、空间科学等与地球其他地区的相比，具有独特的研究价值。北极地区海冰、洋流和气团的变动是全球气候变化的“启动器”，研究北极地区的气候和环境变化对全球气候治理具有重要意义。同时，北极地区1300万平方千米的苔原带是全球最大的固碳地，研究其生物多样性和生态系统对理解全球气候变化至关重要。

北极地区拥有巨大的经济价值。随着全球气候变化，北极丰富的石油、天然气、金属及非金属矿产资源已吸引世界多个国家出台相关政策，鼓励对北极地区资源的开发利用。同时，北冰洋作为连接太平洋和大西洋的“高速通道”，能够大幅缩短运输周期、降低运输成本，吸引了越来越多的国际关注。

北极地区也是军事战略要地。北极地区的海冰为核潜艇提供了天然屏障，使其能够躲避侦察。同时，特殊的地理位置意味着北极地区是理想的导弹发射场。

4.1.1 “鹦鹉螺”号的北极探险

在探索北极的历史中，具有划时代意义的事件是美国海军“鹦鹉螺”号核潜艇完成人类历史上首次穿越北极、从太平洋进入大西洋的航行。让我们一起来了解这一探险航行的过程。

“鹦鹉螺”号是世界上第一艘核潜艇，于 1955 年 1 月建成并试航。1958 年 8 月 3 日，“鹦鹉螺”号从冰层下潜航穿过了北极极点。这是人类历史上首次在北极的潜航，标志着潜艇在极地航行方面的重大突破。这次探险任务被称为“阳光行动”，“鹦鹉螺”号从美国阿拉斯加巴罗角沿岸出发，在冰盖下航行了 96 小时、航程达 2945 千米，最终在北极点正下方安全通过，并在格陵兰海以东浮出水面。值得注意的是，“鹦鹉螺”号的北极探险之旅并非一帆风顺，历经三次探索才最终取得成功。

第一次探索

1957 年 9 月，“鹦鹉螺”号计划前往欧洲海域参加北约组织的代号为“回击”的海军演习，并受命在演习前于北极冰区逗留 10 天。然而，9 月前往北极区域无疑是一个糟糕的决定，此时已是一年中较晚的时候，北冰洋的冰层已开始向南冻结延伸。因此，这次任务的主要目标是探索尽可能多的北冰洋海域，争取在有限时间内搜集更多日后航行所需的资料，而非穿越北极极点。

为此，在 1957 年 7 月，“鹦鹉螺”号便提前返回造船厂进行改造，加装了冰层探测器和罗经等设备。为了保证潜艇航向的可靠性，这次改造配备了两种类型的罗经：一种是航海中经典的磁罗经，另一种是电控罗经。其中电控罗经有两套，一套作为备用。磁罗经指向地磁北极而非真正的地球北极，两者之间存在磁差，航行中需修正磁差以保持真北方向。电控罗经基于陀螺理论，只要不处于南北极点，电控罗经将始终指向真北，无须修正磁差。

然而，无论是磁罗经还是电控罗经，其可靠性都随着向极点靠近而变差。当潜艇接近极点时，航向参考点消失，罗经指向变得混乱。例如，潜艇在格陵兰岛和斯匹次卑尔根岛之间的海域向正北潜航并接近北极极点时，电控罗经会出现向右缓慢漂移的现象，磁罗经也会失去作用，导致潜艇航向向右偏移。当接近极点时，电控罗经又会反向漂移，使潜艇围绕极点缓慢运动。这种误差可能导致潜艇头部朝上竖起，甚至朝着陆地方向驶去，使潜艇成为“经线轮盘”的牺牲品。为解决这一问题，“鹦鹉螺”号在这次航行中加装了经过改进的 Sperry MK-19 型电控罗经，该罗经在高纬度地区具有更可靠的指北能力。尽管装备了更好的导航设备，意外仍然发生了。“鹦鹉螺”号抵达北纬 83° 的预定目标位置后，艇员对磁罗经和电控罗经进行了校准，结果表明磁罗经和极限工作纬度为北纬 70° 的老款电控罗经已无法正常工作，而 Sperry MK-19 型电控罗经一切正常。艇长安德森下令继续向北前进。Sperry MK-19 型电控罗经带领潜艇向北航行，到达了北纬 85° 。当潜艇即将抵达北纬 86° 时，Sperry MK-19 型电控罗经突然失灵，检查后发现是保险丝烧熔导致的断电故障。

通常，电控罗经停电后重新启动至少需要约 4 个小时才能建立起稳定的指向。但是在如此高的纬度地区，电控罗经重新获取指向将困难重重：一方面高纬度地区电控罗经装备的陀螺仪难以感知地球的自转角速度，在理论上会增大航向的获取难度；另一方面技术人员缺乏高纬度启动电控罗经的经验，无法确保获得真北指向的时间。因此“鹦鹉螺”号只能通过磁罗经往复做 60° 摆动时的读数来估计一个最佳航向。最终，潜艇历时数天才从北极冰原中撤离，并一路南下参加代号为“回击”演习。

第一次的北极探险宣告结束。这次航行，“鹦鹉螺”号的轨迹最北到达了北纬 87° 、距离北极极点 180 海里（约 333 千米）的位置，航程超过了1000海里（约1852千米）。虽然没能到达极点，但在高纬度地区获得的航海知识对于后续探索具有极高的价值，也间接证明了北极地区具有重要的军事价值。根据这次航次获得的宝贵经验，安德森艇长在此后的报告中指出，如果配备更先进的航海仪器和新型电控罗经，他确信潜艇将可以到达北极极点。

第二次探索

在“鹦鹉螺”号开展第一次北极探索的同一年，苏联于10月4日利用卫星号运载火箭发射了人类历史上第一个人造地球卫星Sputnik-1。这次任务的成功开启了人类的航天时代，此时的美国在航天领域的进展显著落后于苏联。

随着“鹦鹉螺”号在北极获得初步进展，美国对北极潜行高度重视，因为一旦北极航行成功，地理位置距离北极更近的苏联将时刻受到美军潜艇和导弹的威胁，这对美军具有重大战略意义。对此，美国下达了一项水下穿越北极极点的绝密任务——阳光行动。

1958年1月，美国白宫高层提议实施水下穿越北极极点计划，艇员凭借对自身能力的了解及1957年在北极地区探测的经验，判断通过制定操作指南和安装足够多的设备可以完成此次任务。

首先，水下航行需要准确可靠的航向基准。Sperry MK-19型电控罗经已经具有了在北纬86°～87°平稳运行的经验，并且其可靠性和准确性也已经过半年的验证。基于这些考虑，任务策划者和陀螺罗经的技术专家为“鹦鹉螺”号制定了一系列穿越北极极点时的操作指南，以充分发挥Sperry MK-19型电控罗经在高纬度的工作能力。操作指南可以简要描述为：Sperry MK-19型电控罗经在接近和穿越极点的过程中启用寻北模式；接近极点时，由于地球自转角速度的水平分量接近于零，罗经将逐渐失去寻北能力，但潜艇仍可以保持现有航向；当穿越极点约17英里（约27千米）后，关闭罗经并将其转向180°，然后重新启动。

其次，水下航行还需要具备速度信息，才能实现准确的航位推算。为此，在潜艇休整期间，技术人员对控制仪器公司生产的电磁式测速仪进行了精确校准。校准工作可以为航位推算提供精确的航行距离。因此，利用从陀螺罗经提供的航向信息，加上水下测速仪的测量结果，便可以完成准确的航位推算，为“鹦鹉螺”号的成功航行提供保障。

最后，为了确保任务的可靠性，“鹦鹉螺”号加装了一个备用系统——惯性导航系统。在“鹦鹉螺”号后续的航行中，这个备用系统成为最精确可靠的航位推算设备。1958年4月，“鹦鹉螺”号安装了一套由北美航空公司制造的N6A惯性导航系统，用于完成北极航行。这套惯性导航系统原本是为美国空军和SM-64 Navaho（纳瓦霍）超音速洲际巡航导弹开发的，而不是为水下潜艇设计的，因此在这前并无水下操作经验。为确保阳光行动的安全，美国海军暂时将其作为传统导航手段的冗余备份。为此，N6A惯性导航系统在安装至潜艇前的几个月就开展了全面调试，以确保其精度和可靠性。实际上，在后续航行中，惯性导航系统的优异性能完全超出了“鹦鹉螺”号全体人员的预料。

1958年6月9日凌晨，在完成出航的一系列准备工作后，“鹦鹉螺”号驶离码头，执行阳光行动。然而，到了6月17日，潜艇通过白令海峡进入楚科奇海后，遇到大量冰山阻挡航道。为了安全起见，“鹦鹉螺”号转向南航行至夏威夷，待海冰减少后再度启程。

第三次探索

1958年7月21日，经过为期4周的人员休整和冰情航探工作，“鹦鹉螺”号再度起航北上。潜艇从夏威夷一路向北，不久便抵达了4周前曾经被迫掉头撤退的白令海峡。潜艇航行是一场极端忠实的历程——忠实于仪器、忠实于物理定律、忠实于伙伴战友，艇上值班人员时刻密切关注各类仪器的工作情况。7月29日，“鹦鹉螺”号驶过白令海峡，再次进入楚科奇海。此时，海域内原本堆积的冰山已经消失，很快潜艇便驶抵北纬70°05′，距离上次被迫返航的地点已向北推进60海里（约111千米），至此“鹦鹉螺”号才开始面临真正的挑战。

为了保证潜艇在水下航行的安全，需要找到一条深水区的“海底公路”——巴罗海沟，它位于阿拉斯加巴罗角海域东侧。进入楚科奇海后，“鹦鹉螺”号将工作重点转向寻找巴罗海沟上。这段海底寻路的过程并不顺利，一方面受到浓雾影响，潜艇和支援的航空探路飞机都无法对冰情做出清晰判断；另一方面“鹦鹉螺”号又需要不断机动以躲避北风作用下向南漂移的冰山。经过数天的寻路，1958 年 8 月 1 日凌晨 4 点 32 分，潜艇最终在阿拉斯加富兰克林角正北方找到了通向北冰洋西部盆地的深水通道。潜艇取东北航向，沿着海底深沟潜航，艇上开启了全部声呐以探测在水下的冰山。随着潜艇不断向北航行，海沟逐步加深且底部逐渐变宽，潜艇的航速增至 18 节，水下情况逐渐稳定。8 月 1 日上午，潜艇在西经 155° 处向左偏转航向，目标直指 1094 海里（约 2026 千米）外的北极极点和另一侧的格陵兰海。

8 月 3 日午夜后，“鹦鹉螺”号越过北纬 84° 。自从进入罗经失灵的海区后，艇员们就做好了防止潜艇陷入“经线轮盘”的准备，并准备好了辅助电控罗经。一旦主电控罗经因接近北极极点而失去指北能力，辅助电控罗经便可用来引导“鹦鹉螺”号向南驶出漆黑的冰区。为了保持电控罗经正常的定向能力，“鹦鹉螺”号在变更航向、航速和深度时都操作得非常缓慢。例如，为了改变 22° 的航向，潜艇需要花费 6 分钟。在潜艇接近北极极点的过程中，操纵惯性导航系统的汤姆·柯蒂斯精确地调整着仪器，以保证其正常工作。惯性导航系统利用电子技术，能够绘制出潜艇的运动轨迹。上午 10 点，潜艇越过了北纬 87° ，打破了“鹦鹉螺”号于上一年创造的纪录，并继续向历史上其他舰船从未到达过的更北点进发。潜艇的主罗经——Sperry MK-19 型电控罗经处于定期寻北模式，并由另外两个定向模式的陀螺仪监控。当潜艇距离北纬 90° 不到 100 英里（约 161 千米）时，主罗经仍然在导航精度范围内。然而，N6A 惯性导航系统位置解算绘制的轨迹显示，即使“鹦鹉螺”号直线航行，Sperry MK-19 型电控罗经也已不再准确指北，而是把潜艇稍微带到地球自转轴的右侧。这表明陀螺罗经的指北精度正在逐渐变差。通过将惯性导航系统的结果与其他定向陀螺仪的输出进行对比，验证陀螺罗经此时已存在 3° 左右的指向偏差，当实际航向为 0° 时，罗经读数为 357° 。尽管如此，Sperry MK-19 型电控罗经已经超越预期地完成了任务。

当“鹦鹉螺”号潜越北极极点时，外界既没有摇铃敲钟，也没有颠簸之感。唯有艇上的惯性导航仪器能准确地告知潜艇实际所处的地理位置。此时，艇上的测速仪显示航速为 20 节，深度计指示深度为 400 英尺（约 122 米），灵敏的声呐则指示头顶的冰原厚度超过了 80 英尺（约 24 米）。“鹦鹉螺”号在冰层下已潜航 62 个小时，由于无法利用天体测定潜艇的位置，只能依靠航位推算维持航行。航位推算需根据潜艇测量的航速和航向，每隔半小时在海图上标出一个艇位。此时，除了测速仪，导航可用的仪器仅有惯性导航系统。图 4.1 展示了“鹦鹉螺”号正在开展任务部署的场景。在整个航行过程中，N6A 惯性导航系统测量的潜艇航向被记录下来，并与罗经的测量结果进行对比。在极点附近，N6A 计算的位置和航向数据仍具有很高的精度和可靠性。因此，原本作为冗余备份的惯性导航系统，成为超越陀螺罗经和测速仪的导航核心设备。同时，惯性导航系统也作为判断 Sperry MK-19 型电控罗经在接近并越过北极极点是否恢复正常工作的参考基准。

图 4.1 “鹦鹉螺”号潜艇正在开展任务部署

8月3日23点15分，惯性导航系统给出的准确导航信息印证了“鹦鹉螺”号穿过了北极极点，实现了人类历史上第一次水下穿越北极极点的壮举！

然而，行百里者半九十。“鹦鹉螺”号虽已穿过北极极点，但仍有另一项工作需要完成——向南行驶，开辟一条从太平洋到大西洋的北极航线。按照计划，如果一切顺利，潜艇将在一天半后到达格陵兰岛一带的开阔水域。为了保持正确的航向，“鹦鹉螺”号必须每穿越一度经线随即改变一度航向，因为在北极地区经线彼此靠得太近，甚至在地理北极的极点处，经线完全聚合。根据计算，平均每航行20分钟就需要改变一次航向，总共要改变26次，以避免迷航。

直至8月4日上午，“鹦鹉螺”号驶离北极极点240海里（约444千米）后，主罗经才重新恢复正常工作。毫无疑问，在潜艇穿过北极的过程中，如果没有惯性导航系统提供航向和位置信息，“鹦鹉螺”号早已因迷失航向而陷入危险。

到了8月5日，潜艇上浮出水面，艇员通过天文导航等手段最终确定潜艇的位置位于格陵兰岛东北方向。从北极的太平洋一侧下潜到大西洋一侧上浮，整个过程潜艇在水下潜航了1830海里（约3389千米），历时96小时。令人感到意外和震惊的是，惯性导航系统在这个过程中始终可靠地提供着航向和位置信息，尤其是在接近极点、穿越极点和到达格陵兰海的过程中。潜艇在格陵兰岛附近海域上浮后，通过天文等手段确定的位置和惯性导航系统推算的位置误差仅为不到20海里（约37千米）！

N6A惯性导航系统除输出常规的经纬度位置坐标外，还能提供横向坐标系下的位置信息。在经纬度信息对应的地理坐标系中，横坐标位于地球赤道平面，纵坐标与地球自转轴重合；而在横向坐标系中，横坐标与地球自转轴重合，纵坐标位于地球赤道平面。当潜艇运行在北极极点周围时，惯性导航系统在地理坐标系中表示的位置可能会存在偏差，但是在横向坐标系中表示的位置会保持准确。地理坐标系和横向坐标系的同时使用，增强了惯性导航系统在极区导航的可靠性。

经过一系列的特殊设计和调试，原本不是为水下潜艇而设计的N6A惯性导航系统能够在跨越北极的航行中持续提供精确的导航信息，这完全是惊人的成就。这次航行证明了舰载惯性导航系统的现实可行性，它在舰船上的广泛应用将弥补已有舰船导航方式面临的许多原理性缺陷，特别是在具有重要军事价值的攻击型潜艇中。

这次航行后，“鹦鹉螺”号在服役期间还执行了各种任务，向世界展示了当时美国的军事实力和技术水平。“鹦鹉螺”号通过各种探险和成就，不仅在文学和科学领域留下了深刻的印记，也在现实世界中展示了人类探索未知海域的勇气和科学技术的力量。

4.1.2 首航成功背后的惯性导航系统

尽管“鹦鹉螺”号在任务中使用了多种导航方式，但如果没有惯性导航系统发挥的关键作用，它将无法完成这一壮举。正是在这次任务中，惯性导航系统大放异彩，奠定了其在导航领域的核心地位，成为潜艇不可或缺的核心设备。

“鹦鹉螺”号成功穿越北极的背后，是美国科研人员数十年对惯性导航技术的研发。在二战中，德国V-2导弹的惯性导航系统中采用的是双自由度机械转子式陀螺仪，这种陀螺仪采用轴承支承，存在摩擦力矩大、精度低的缺陷。当时，美国麻省理工学院（MIT）仪器实验室的德雷珀已成为惯性导航领域的专家。他清楚地认识到机械转子式陀螺的精度已无法进一步提高，于是开始着手研制更先进的液浮陀螺仪，并于1942年成功将液浮陀螺仪运用于海军的火力控制系统。1945年战争结束后，德雷珀继续改进液浮陀螺仪，并构思惯性导航平台。1950年，他推动军方首次试验了机载惯性导航系统，一架安装有单自由度液浮轴承陀螺仪惯性导航系统的B-29轰炸机用10小时飞行横贯美国大陆。1953年，德雷珀开始为美国空军设计“雷神”中程弹道导弹的制导系统，该系统由单自由度液浮陀螺仪与液浮加速度计组成。至此，基于液浮陀螺仪的高精度惯性导航设备由此成为MIT仪器实验室的独门绝技。

20 世纪 50 年代，美国海军面临着一个挑战：确保潜艇在潜入水下时仍能准确获取定位信息，而无须浮出水面。为了解决这一问题，美国海军启动了“Project Mast”计划，旨在开发一种能够在潜艇内部进行精确导航的系统。这项任务很自然地交给了 MIT 仪器实验室。在“鹦鹉螺”号的北极航行中，其安装的惯性导航系统虽然最初是北美航空公司自动控制部门为航空和导弹领域设计的，但其跨领域的成功应用为后续船舶惯性导航系统的设计奠定了基础。

N6A（如图 4.2 所示）是一种平台式惯性导航系统，由导航控制台和惯性导航机柜组成。其中，导航控制台的数字计算机克服了当时传统模拟计算机的缺陷，能够提高陀螺仪和加速度计数据读取的分辨率，并提升导航方程中积分运算的精度。惯性导航机柜内的稳定平台

图 4.2 技术人员正在调试 N6A 惯性导航系统

由隔热球形结构覆盖，该稳定平台为内支撑式三环结构，按北、东、地坐标进行编排，装有 4 个液浮陀螺仪和 3 个液浮摆式加速度计。

在这 4 个陀螺仪中有一个被称为监控陀螺仪。它以独立的平衡环装在稳定平台上，输入轴可沿方位转动，用于逐次锁定在两个水平稳定陀螺仪输入轴的正方向和反方向上。通过记录这些位置的锁定速率，计算出水平陀螺仪的漂移修正量，并对其进行修正，从而大大提高水平陀螺仪的精度，延长系统的重调周期并提高系统的航向精度。

4.2 无人航行

惯性导航的出现显著降低了海洋舰艇对外界信息的依赖程度，增强了舰艇在航行中的自主性，推动了人类对于海洋的探索和利用。进入 21 世纪，世界各国为了增强对海洋空间的控制权，不断加强对海洋无人装备的研发。在众多海洋无人装备中，无人水面艇（unmanned surface vehicle，USV）作为高效的海洋开发利器，越来越受到重视。随着对深海资源开采需求的不断增加，无人水下航行器（unmanned underwater vehicle，UUV）也呈现出井喷式发展。目前，全球已有数百种 USV 和 UUV，广泛应用于海洋科学、海洋工程、水下安防和水下作战等领域。

4.2.1 惯性导航助力无人水面艇

无人水面艇因具备自主性、机动性和低人员风险等内在特性，已成为未来作战方式向网络化、智能化变革的重要装备。目前，国内外各大机构都在积极推进无人系统的研究工作，无人水面艇已进入快速发展阶段。

无人水面艇是一种具有自主规划、自主航行能力，并可自主完成环境感知、目标探测等任务的小型水面平台。它可以承担情报收集、监视侦察、扫雷、反潜、精确打击、搜捕、水文地理勘察、反恐、中继通信等功能。

无人水面艇的发展可大致分为雏形诞生、起步、快速发展3个阶段。雏形诞生阶段为20世纪30年代末至20世纪90年代初，此阶段的无人水面艇主要作为一次性制导武器、欺骗性目标和靶艇使用，依赖人员操控，自主能力非常有限。起步阶段为20世纪90年代初至21世纪初，全球范围内开始探索现代无人水面艇的自主化技术，无人水面艇逐步形成了以环境感知、路径规划、自主导航等为核心的基本技术特征。快速发展阶段为21世纪初至今，随着作战方式的变革及关键技术的发展，智能化、自主化成为现代武器装备的重点发展方向。在此背景下，国内外研究机构均在无人水面艇领域开展了大量工作，取得了丰硕成果。总体来看，无人水面艇的自主等级及智能化程度正在不断提升。

“幽灵卫士”无人水面艇

“幽灵卫士”（见图4.3）是由美国机器人船舶公司研制的一款无人水面舰艇，主要用于警戒和防护。通过近海巡逻，它能够保护航道、海界、港口、桥梁、码头、石油钻井平台等近海设施，防范各类潜在威胁，保障航海系统的整体安全。此外，“幽灵卫士”可运送150千克以内

图4.3 “幽灵卫士”无人水面艇

的货物，并可在海上进行情报收集和海域检测等工作。在自主性方面，“幽灵卫士”可由地面站远程遥控操纵，也可通过计算机自动驾驶仪自主航行，其最大功率可达198千瓦，能够以较快速度追逐各种目标。

为实现高精度定位，“幽灵卫士”搭载了包含惯性导航系统、卫星导航系统、雷达等组成的组合导航系统。在水域简单的场景中，当卫星导航信号不稳定或丢失时，惯性导航系统可以作为备用导航系统，提升无人水面艇导航性能的鲁棒性和可靠性；在水域复杂的环境下，考虑到水流和波浪等影响因素，惯性导航系统可以作为主导航系统，实时提供无人水面艇的位置、速度和姿态信息，使无人水面艇能快速响应环境变化和控制指令。

“保护者”无人水面艇

“保护者”（见图4.4）由以色列拉斐尔武器设计局和航空防御系统公司联合研发，首批“保护者”于2003年交付以色列国防军。该艇主要用于本土防御和反恐作战，并可执行部队保护、监视侦察等任务。其导航系统搭载了惯性导航系统、卫星导航系统、前视红外传感器、摄像机、先进关联跟踪器、激光测距仪、激光指示器、搜索雷达等设备。在武器配置方面，“保护者”搭载微型“台风”稳定武器系统，配备12.7毫米口径机枪、40毫米口径自动榴弹发射器，集成计算机火控系

图4.4 “保护者”无人水面艇

统、目标瞄准系统，形成一套综合无人作战系统。“保护者”通过前视红外传感器和激光测距仪实现昼夜侦察。它曾在波斯湾、地中海等海域环境中经历实战检验，证明了其作战能力。

为适应地中海复杂的海域情况，“保护者”以惯性导航系统作为其导航系统的主传感器。为抑制惯性导航系统的误差发散，使用卫星导航系统、激光测距仪、搜索雷达等的输出信息实时校正惯性导航系统，从而提升无人艇的导航精度。此外，在无人水面艇行驶过程中，还可以根据惯性导航系统测量的姿态信息补偿海洋波浪造成的升沉运动对目标瞄准系统的影响，提升瞄准及发射精度。

在未来的海洋勘查、国家安全和军事行动中，无人水面艇将成为海洋无人系统的关键组成部分。如何赋予无人水面艇全面的任务决策、智能控制和环境感知能力，将是当前及未来的研究焦点。无人水面艇的军事深化应用，也推动其向大型化、隐身性、智能自主及可扩展性等方向发展，从而引发海上作战样式的革命性变化。从目前的技术方案来看，无人水面艇的导航系统中，惯性导航系统、卫星导航系统、无线电导航设备、雷达和摄像机等是必不可少的。在复杂水域环境中，惯性导航系统更是作为导航核心，发挥着至关重要的作用。因此，在未来的无人水面艇发展中，惯性导航系统将继续为高精度定位需求提供支持。

4.2.2 惯性导航为无人水下航行器保驾护航

无人水下航行器是一种能自主控制、可回收并反复使用、长期在水下自推进航行或滑翔的无人潜器。它具有使用风险低、任务重构能力强、隐蔽性好、成本低、作业效率高、使用灵活等特点。无人水下航行器在海洋科学调查、海上石油开发、水下勘察、水下目标探查、海上搜救和打捞等民用领域已得到较为广泛的应用。此外，无人水下航行器也代表了海上军事装备智能化、无人化和隐身化的发展趋势。它可以在载人平台难以到达或存在高度危险的海域活动，从而拓展载人平台的探测和作战范围。

无人水下航行器能够与己方水下、岸上、海上、空中、太空的各种情报侦察、预警探测、通信导航、指挥控制等信息支援装备和设施，以及舰艇、飞机等主战装备协同使用，为己方兵力提供情报侦察、预警探测、目标指示、信息对抗、通信导航和隐蔽攻击等能力，是海军作战力量的倍增器。

根据控制方式，无人水下航行器可分为遥控式和自主式。后者不依赖母船供电，并以无人自主控制为主要航行控制方式，摆脱了前者依靠拖缆与母船连接导致的机动受限问题，活动范围明显扩大，机动性大为改善，作业效率显著提高，因此受到更多的关注。

“蓝鳍金枪鱼 -21 型”自主式无人水下航行器

“蓝鳍金枪鱼 -21 型”（Bluefin-21，见图 4.5）是由美国海军研究所和金枪鱼机器人公司联合研发的战场准备型自主式无人水下航行器。该航行器长 3.1 米，直径 533 毫米，重 220 千克，属于轻型水下航行器。Bluefin-21 最大航速为 3 节，水下续航时间为 18 小时，最大潜深 270 米，采用银锌电池供电。为实现水下精准定位，Bluefin-21 搭载了惯性导航系统、磁罗经、多普勒声呐计程仪、GPS、声学多普勒流速剖面仪、深度计、侧扫声呐、合成孔径声呐和多波束测深声呐等多种设备。Bluefin-21 使用的是 PHINS 光纤陀螺惯性导航系统，具备极低的陀螺漂移率和加速度计偏差。在纯惯性导航模式下，其定位

图 4.5 “蓝鳍金枪鱼 -21 型”自主式无人水下航行器

精度、航向精度和水平姿态精度均表现优异。与其他传感器协同工作时，Bluefin-21 能够实现 3 米以内的定位精度，确保高概率探测水雷。

Bluefin-21 主要用于濒海作战中的水雷探扫与猎扫、环境情报收集、水中爆炸物探测、海底勘察和监视等任务，为战场准备提供支持。它每次探测水雷的覆盖面积可达 220 平方千米，适用于 3 ~ 12 米水深水域。该系统可通过水面舰艇的吊放回收装置布放和回收，主要由濒海战斗舰携载，也可由弹道导弹核潜艇的导弹发射管布放。

2005 年，美国海军购入一套 Bluefin-21 装备，并在濒海战斗舰首舰“自由”号上进行了测试。2007 年，又购入一套配备于濒海战斗舰的二号舰“独立”号。

2013 年 5 月，驻日美军的一架 F-15 战斗机训练时坠毁于冲绳岛附近海域，Bluefin-21 奉命下潜搜寻并成功找到 F-15 战斗机残骸，由此声名鹊起。2014 年，Bluefin-21 参与南印度洋 MH370 失联客机的搜救行动。2016 年，在美国第三舰队主导的多国联合军事演习中，一艘潜艇发射了一具 Bluefin-21，随后 Bluefin-21 释放了两具微型“沙鲨”自主式水下潜航器和一架“黑翼”无人机，执行情报、监视、侦察任务，并实时回传信息，显著拓展了潜艇水下感知能力和控制范围。

“曼塔”自主式无人水下航行器

“曼塔”（MANTA，见图 4.6）是由美国海军水下作战中心于 1996 年提出的一种无人水下航行器方案。该航行器长 10.4 米、宽 2.4 米、高 0.9 米，排水量约 7.25 吨。它在 5 节的航速下可连续航行 13 小时，最大速度可达 10 节，最大下潜深度 244 米，负载能力 1500 千克。

为满足高精度导航定位需求，曼塔搭载了惯性导航系统、多普勒声呐计程仪、GPS 接收机。在水下环境中，通常无法接收 GPS 信号，因此“曼塔”主要依靠惯性导航系统进行定位，并通过声呐计程仪对惯性导航系统进行实时校正；当能接收到 GPS 信号时，再使用 GPS 对“曼塔”的位置和速度进行校正。“曼塔”搭载的 KN5050 系列激光陀螺惯性导航系统，具备高精度的定位、航向和速度测量能力。

图 4.6 “曼塔”自主式无人水下航行器

“曼塔”的主要任务包括侦察和探测敌方前沿或水下兵器、攻击敌潜艇等。它由攻击型核潜艇携带至沿海浅水区，能够隐蔽地执行各种探测和侦察任务。“曼塔”可自行潜入危险水域或敌方港湾，监视水下动态，搜捕水下目标，并通过光学、雷达或声呐传感器进行情报收集，实时将探测到的敌情发回母舰。必要时，“曼塔”还可以尾随已发现的目标，并在适当距离使用自身携带的武器发起攻击。

通过通信链路，“曼塔”可以将图像传输给附近的攻击型核潜艇，而该核潜艇也可以远程操纵“曼塔”。美国现役潜艇可携带4艘排水量超200吨的“曼塔”，每艘“曼塔”都可以根据任务需求搭载不同的武器和传感器。“曼塔”的出现，大大增强了美国在水下无人作战领域的能力，降低了战场上的伤亡率。由此可见，在无人水下潜航器的导航系统中，惯性导航系统是必不可少的。在无线电信号难以穿透的水下环境中，卫星几乎无法为运载体提供准确的定位信息。因此，为保证导航及定位精度，惯性导航这类自主推算式的导航系统就成为无人水下潜航器在一望无际的海洋中自由遨游的基石，它可实时输出无人水下潜航器的位置、航向、速度和姿态信息，为安全航行和作业提供保障。目前的无人水下潜航器多采用激光陀螺惯性导航系统和光纤陀螺惯性导航系统。无人水下潜航器的成功研制及应用，离不开惯性导航系统的保驾护航。

4.3 精确制导

从历史上看，惯性导航技术一直随着军事需求的发展而发展，这主要得益于其不可替代的军用特点，即具有很强的隐蔽性和自主性。作为一种真正自主且隐蔽的导航方式，惯性导航在工作的过程中既不向外界发射电磁波信号，也不依赖外界的信息支持。无论在地球附近的任何位置、任何时间，惯性导航均可连续工作。根据惯性导航的工作原理，它只需通过对运载体的加速度进行测量和计算，就可以通过积分实现运载体自身速度、位置的精确测定。因此，它可被视作一种真正意义上的“隐身导航”。

惯性技术包括惯性导航和惯性制导，已发展成为国际公认的国防关键技术。如惯性技术长期被列入美国国防部公布的《军用关键技术清单》，并受到《出口管理条例》的严格管制。在第 1 章中，我们介绍了惯性导航。现在，以火箭为例介绍惯性制导。惯性制导通过惯性测量装置（包含陀螺仪和加速度计的装置）测量火箭的运动参数，自动生成控制指令，调节发动机推力的方向、大小和作用时间，使火箭按预定轨迹飞行。

从技术架构上看，惯性制导系统本质上是将惯性导航系统作为运动检测装置，与飞行控制系统相结合，按照预先设定的运动方案执行制导指令。我们可以进一步概括：惯性导航用来告诉载体“现在在哪、运动状态是什么”；而惯性制导则用来告诉载体“接下来该怎么办”。

4.3.1 惯性制导与导弹精度直接相关

结合图 4.7，我们了解一下弹道导弹的发射和飞行控制的过程。

导弹竖立在发射阵地，待第一级火箭发动机点火后，随即缓缓升空。

在强大推力作用下，导弹速度逐渐加快，随后按预先设定的轨道飞行。在上升阶段，导弹达到预定的速度并到达预定位置后，第二级、第三级导弹助推火箭发动机先后点火，进一步提升导弹速度。当到达预先设定的关机点时，控制系统关闭发动机，导弹以高速进入惯性飞行阶段，冲出地球大气层。在地球重力场的作用下，导弹到达飞行高度的顶端，并在向前飞行的同时，沿自由落体轨迹落向地面，重新进入大气层并命中目标。

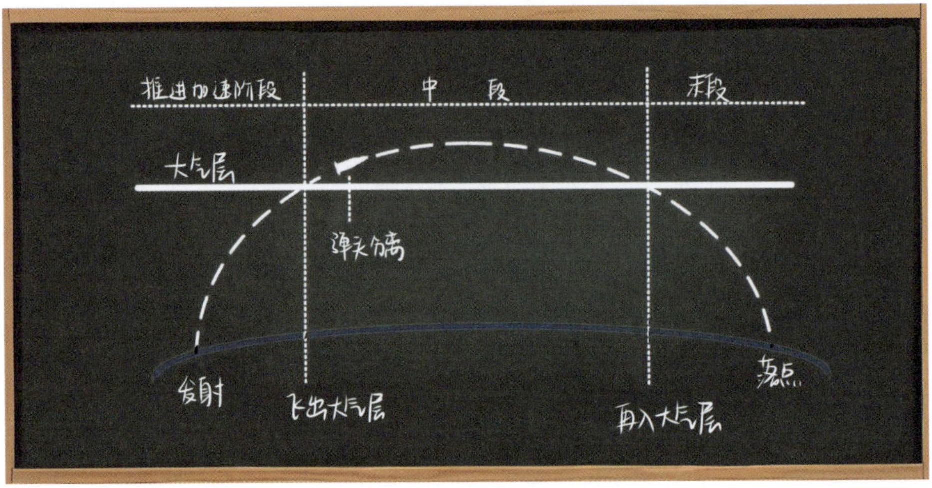

图 4.7 弹道导弹的运动过程

在导弹发射准备阶段，需精准测定发射点的地理位置，并根据目标位置，计算弹道方程、攻击距离和方位，确定各级火箭发动机的点火点和关机点、导弹全程各点的速度、飞行方向和姿态。此外，导弹还需精准测定正北基准，完成发射前瞄准和惯性制导装置对准，将弹道控制指令输入惯性制导系统，建立惯性制导基准并与导航坐标系对齐。完成上述准备后，导弹进入发射状态。

发射后，导弹处于上升阶段时，惯性制导基准实时测量导弹位置、速度、飞行方向和姿态。如果实际轨迹与预定弹道不符，执行机构立即修正，严格保证导弹在设定轨道上飞行。惯性制导系统全程参与测量与控制，其精度直接决定导弹最终命中效果。因此，惯性系统的使命至关重要。

对弹道导弹而言，要发挥其威力，一是射程远，二是威力大，三是命中精度高。计算表明，如果导弹命中精度提高 1 倍，那么同等威力的导弹对目标的杀伤力可提高 8 倍。这充分说明了惯性导航和惯性制导系统的精度具有重大战略意义。

常规的弹道导弹通常部署在位置固定的导弹发射井内，执行任务时从井内发射，完成打击任务。然而，随着现代侦察技术的快速发展，各国导弹发射井的位置坐标已成为公开的秘密。一旦发生战争，这些位置固定且已知的导弹发射井将成为敌方优先打击的目标。因此，为了提高导弹的生存能力和发射隐蔽性，主要军事大国纷纷发展导弹机动发射技术。导弹平时储存在隐蔽地点，需要时由牵引车拉出，在偏僻山区实施机动，在敌方意想不到的时间和地点发射。机动发射的发射点是随机的，既没有精确的位置坐标，也没有精确的方位基准。牵引车驻停后需在极短时间内完成发射准备，这给发射前的准备工作带来了诸多挑战。

解决这一难题的关键在于依托惯性技术，为导弹的机动发射提供具有快速反应能力和高精度的定位定向系统，即陆用惯性导航系统。在牵引车机动过程中，惯性导航系统实时提供经纬度和海拔高度信息，并准确指示前进方向。车辆停稳后，惯性导航系统迅速提供精确的地理坐标和方位基准。有了发射初始时刻的位置坐标，就可以根据目标位置坐标计算出导弹攻击的弹道参数，并将这些参数输入导弹的惯性制导计算机。有了发射初始时刻的方位基准，就可以进行导弹惯性基准对准和发射瞄准。如果无法获得准确的信息，导弹可能会偏离预定攻击目标，导致打击任务失败。举例而言，惯性制导系统提供的方位基准如果有 1 角分的误差，对于射程 1 万千米的导弹，可能会引入 3 千米的命中偏差。现代高精度的惯性定位定向系统为导弹的机动发射提供了高精度的位置和方位基准信息，确保了导弹的精确打击能力。图 4.8 所示的东风 31AG 弹道导弹的发射场景，正是这一技术的典型应用。

图 4.8 东风 31AG 弹道导弹的发射场景

4.3.2 水面舰艇及武器装备的应用

水面舰艇的作战任务高度依赖惯性导航系统的性能保障，且不同舰型对惯性导航系统的性能要求不同。以美国为例，其建造的航空母舰、导弹巡洋舰、导弹驱逐舰、两栖作战舰、导弹护卫舰、海洋测量船等都装备有不同性能的惯性导航系统。

航空母舰与核潜艇、隐身舰一起被列为20世纪海军发展的三大里程碑。现代战争的实践证表明，掌握制海权可以获得巨大的战略利益和作战优势，进而掌握战争的主动权。作为当今综合战斗力最强的海上作战平台，航空母舰不仅是舰艇编队的指挥中枢，更是一国综合国力的象征。其作战力量包括舰载战斗机、预警机、反潜机等武器装备，而由驱逐舰、护卫舰等组成的护航编队则进一步强化了体系化作战能力。

航空母舰的导航依靠复杂的组合导航系统，其中惯性导航系统发挥着关键作用。它不仅为舰载机惯性导航系统的校准提供连续实时的信息基准，还为舰载机武器系统及反导系统提供有效的基准信息。此外，舰载机在航空母舰上的安全起降是航空母舰发挥作战效能的关键。在舰载机着舰这一相对导航过程中，惯性导航系统作为重要设备提供航向角、俯仰角和横滚角信息；红外探测系统同步捕捉起降跑道相对图像，通过多源数据融合和参数估计技术，解算跑道运动状态及舰载机相对位置姿态，实现全天候自主着舰导引。这种机载光电 / 惯性组合着舰导引技术显著提升了舰载机起降的安全性和效率。图4.9和图4.10所示分别为山东号航空母舰与歼15舰载机，在海上作战中二者均离不开惯性导航系统的支持。

图4.9 山东号航空母舰

图 4.10 歼 15 舰载机着舰

导弹巡洋舰和导弹驱逐舰等水面舰艇的惯性导航系统不仅确保舰艇的安全自主航行，还支持舰艇在海洋动态环境下连续垂直发射对地、对空和对舰的导弹，同时为舰艇反导系统提供连续准确的信息。可以说，在充满动态条件的大洋环境中，能够随时测量舰艇摆动方位和水平角度变化的惯性导航系统和陀螺罗经平台是不可缺少的关键设备。图 4.11 所示为 055 型导弹驱逐舰。

图 4.11 055 型导弹驱逐舰

作为一种在水中航行、自动导向攻击目标的水下武器，鱼雷依靠惯性导航系统准确攻击水中目标。而搭载鱼雷的水下无人运载器则通过惯性导航系统完成自主定位，并执行目标搜索与定位任务。图 4.12 所示为鱼 9 型鱼雷。

图 4.12 鱼 9 型鱼雷

4.3.3 让地面战车如虎添翼

在现代高技术地面战争中，主战坦克、步兵战车和武装直升机被誉为“陆战三剑客”，三者密切配合、协调作战，对地面战的胜负起着至关重要的作用。从历史角度看，炮兵素有“战争之神”的威名，在战场上具有极强的威慑力。近半个世纪以来，随着各种高新技术的发展，新一代自行火炮和自行高炮让“战争之神”如虎添翼。尤其是惯性导航等新型技术的成功应用，让新一代陆战武器在射程、精度、机动性、快速反应和生存能力等方面实现了重大突破。

坦克因其卓越的“攻、防、动”三大性能而被誉为“陆战之王”。为适应数字化战场的作战需求，下一代坦克将装备高效的指挥、通信和导航系统，使坦克乘员能实时了解敌我态势，并直接接收各级指令，从而充分发挥坦克的作战效能。

在战场上，坦克需要高速跨越战壕、突破障碍物，并在复杂的路况下发现并攻击目标。传统坦克在完成这些任务时，通常需要先停下来进行瞄准和射击，之后才能继续前进。这种停下来射击的方式不仅严重影响坦克的前进速度，还易延误战机，为敌方提供反击的窗口，而停下来的坦克也成了敌方的活靶子。因此，现代坦克需要在高速行进和路面颠簸的条件下实现快速反应和精准射击，这是现代坦克的基本技术要求。

为减少野战中车体振动及坦克转向等对火炮射击精度的影响，现代坦克均配备火炮双向稳定器(即高低方向稳定器和水平方向稳定器)。其中，陀螺仪组件是稳定器的核心部件。随着新技术的应用，双向稳定器进一步发展为精确稳定及瞄准系统。图 4.13 所示为安装在坦克上的双向稳定器的工作过程。

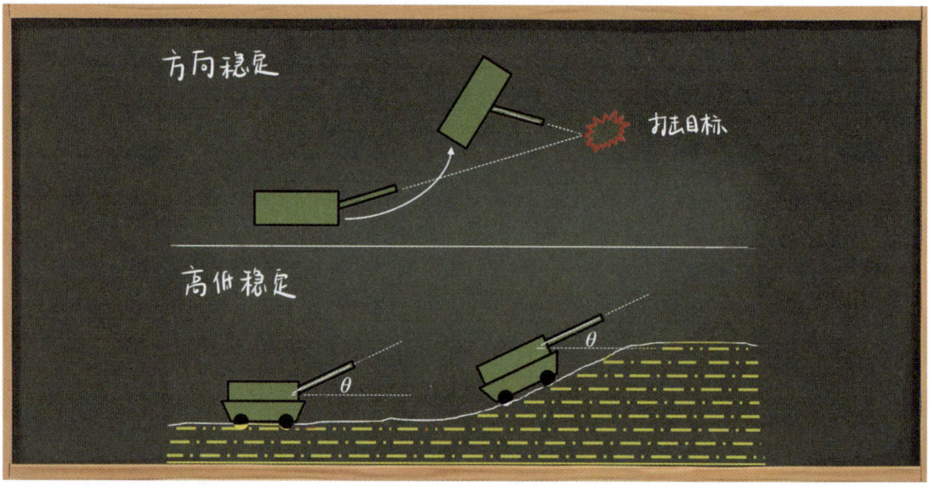

图 4.13 双向稳定器

在现代动态战场上，态势感知和部队跟踪是任务成功的关键。新型陆地导航系统采用由激光陀螺仪或光纤陀螺仪构成的惯性导航系统，并与 GPS 组合形成车载导航系统。这种系统不仅用于自主定位、定向和导航，还能为乘员提供精确、连续的位置和速度信息，确保战斗人员的安全。该系统可以向部队跟踪系统提供精确的定位数据，从而极大地增强部队对战场环境的感知能力。在此类应用中，导航系统的主要功能是为目标定位、目标捕获、武器和传感器定向等提供连续、自主、精确的位置和定向信息。

在陆地战场上，高速机动作战的普及和作战行动透明度的提升，使传统步兵侦察方式已无法适应快速变化的战场节奏。为此，装甲侦察突击车开始广泛应用于战场。这种车辆属于特种作战车辆，具有高度的机动性、较强的火力和良好的装甲防护力，火力优于同等吨位装甲车辆，完全能够胜任机动作战的需要。这种车辆配备惯性与 GPS 组合导航系统，使其在复杂的前线环境下既能迅速推进，又能完成精准定位；在敌占区执行任务时，不仅能保持方向感知，还能实时向上级报告位置信息。在战场上广泛、适时地实施机动是陆战的基本原则，也是灵活运用战斗力的重要战术。机动不仅要求火炮伴随部队机动作战，还要求其能在战场上频繁变换发射阵地，即“打了就跑，停了就打”。这些作战需求是自行火炮产生的背景。在战斗实施过程中，如何随时知道自身所在的精确位置和方向，即解决导航、定位和定向问题，是自行火炮面临的关键技术难题。惯性技术的发展为炮兵机动作战提供了强有力的技术支持。可以说，是否拥有先进的陆用惯性导航系统，已成为衡量信息时代陆军现代化程度的重要指标。例如，美国陆军的 M109A7“帕拉丁”自行榴弹炮配置了激光陀螺惯性导航系统，使其在运动状态下一旦接到命令，60 秒内即可发射第一发弹；打完 3 ~ 6 发弹后，能在敌方反击火力到达前，迅速转移到 300 米外的新发射阵地。

目前，国际先进的陆用压制武器系统通常将惯性导航系统安装在火炮身管上。如图 4.14 所示，155 毫米自行火炮的摇架上就安装有惯性导航系统。这种系统能实时监测火炮身管的姿态与方位，并与火控单元联动，实现火炮射向保持、自动复位等功能。这不仅增强了陆用压制武器系统的快速反应能力，还显著提升了其精确打击能力。然而，这对惯性导航系统的抗冲击、抗振动能力提出了严苛要求。

在现代战争中，制空权对战争的胜负具有决定性作用。高炮作为防空体系中的重要支柱，与战斗机、防空导弹等武器有机结合，构成

图 4.14 155 毫米自行火炮

了全空域、多方位的防空火力网。现代高炮主要用于对抗各种空中目标（包括直升机、无人机等），必要时可拦截巡航导弹，甚至攻击坦克等地面装甲目标和小型水面舰艇。根据机动方式不同，高炮可分为牵引式和自行式两种。其中，自行式高炮能够实现行进间射击，为克服行进中车体剧烈振动和颠簸带来的瞄准难题，炮车上装有一套以惯性导航为基本原理的姿态基准装置，用于在车体上建立高精度的姿态基准。

地面部队，尤其是机械化步兵，经常需要火力支援。炮兵的一项重要任务是向所有需要帮助的地面部队提供间接火力支援，同时承受敌人的反击。为此，炮兵必须具备快速变更发射位置及运动至未测量过的前线位置的能力，以避免敌方反击并及时为前线部队提供有效的火力支援。

炮兵需要精确的位置和方位信息来实施有效发射。然而，传统的测绘小组及其设备难以在动态战场环境中完成测绘任务。若在火力支援的情报收集中应用惯性导航系统，将会大大减轻测绘的重负。例如，装备惯性导航系统的榴弹炮可直接获取自身炮管的位置和方向，而无须外部测量。这为指挥员提供了多种战术选择，比如实施有效发射后迅速撤离，指挥不同榴弹炮同时以非常规的炮连队形攻击不同目标等。

4.3.4 智能弹药的崛起

弹药是武器系统的核心组成部分，也是杀伤敌方有生力量的主要手段。随着新型惯性器件、传感器、微电子和信息处理等技术的发展，弹药技术得以迅猛发展，一批新型智能弹药如雨后春笋般涌现。所谓智能弹药，是指弹药在发射后能够在飞行过程中自主搜索和探测目标、自动识别和跟踪目标，并最终攻击目标。简而言之，智能弹药就是“长眼睛的常规弹药”。

根据制导方式的不同，制导弹药可分为两大类：一类是采用终端制导系统的制导弹药，另一类是依赖 GPS 和惯性制导来修正飞行轨迹的制导弹药。终端制导系统的主要任务是通过精确测量弹药与目标之间的相对位置、速度等信息，生成制导指令，控制弹药的飞行姿态和轨迹，以实现高精度打击。这种制导方式主要使用半主动激光导引头。后一类制导方式是在略大于常规射程的距离上发射弹药，并将其引导至目标。目前，现役加农炮发射的制导炮弹采用的是终端制导系统，而包括“神剑”（见图 4.15）在内的航向修正炮弹则大多采用 GPS 和惯性制导。

图 4.15 “神剑”智能炮弹

惯性技术与 GPS 一体化是实现常规弹药制导化的关键。例如，美陆军多管火箭发射系统（multiple launch rocket system，MLRS）曾在海湾战争中发挥巨大作用，大约 20000 枚 MLRS 火箭被用于打击伊拉克目标。由于每枚火箭携带 644 个可杀伤人员和摧毁作战物资的小炸弹，人们给这种武器起的绰号为“钢雨”。为了提升增程后 MLRS 火箭的杀伤精度，美国采用在火箭头部加装低成本 GPS 增强惯性制导组件的方案，将其升级为制导型多管火箭发射系统（guided multiple launch rocket system，GMLRS）。该系统最初采用激光陀螺仪，后来改为 MEMS 陀螺仪。目前，这种火箭弹的最大射程已超过 70 千米，精度保持在 10 米以内。从作战效能看，GMLRS 将摧毁目标所需的火箭数量至少减少到原来的 1/8，并使每次杀伤的成本降低到原来的 1/5。

美国陆军历时 15 年、耗资 10 亿美元研发的新型“神剑”智能炮弹，于 2006 年秋季正式装备驻伊拉克美军部队。该型智能炮弹是炮弹与导弹的“混血儿”，融合了炮弹与导弹的特点，由火炮发射，同时具备导弹捕捉和跟踪目标的能力。采用 GPS 和惯性制导的“神剑”炮弹可为部队提供前所未有的战术灵活性，能够横向或纵向改变飞行路径以追踪目标。发射这种弹药的火炮可以在自然植被区、人工建筑区、特殊地貌区等不同战场环境中实施打击。作为一种“发射后不用管”的制导炮弹，“神剑”配备了抗干扰 GPS 接收机和惯性制导封装件，能够以 GPS 精度飞向预编程目标点。它采用非弹道的飞行路径，为野战炮兵提供更强的火力支援，并具有极高的命中率——在 50 千米射程内弹着精度高达 10 米，这种高精度是其他现有炮弹无法达到的。打击相同目标时，“神剑”的作战效能是普通炮弹的近 50 倍。例如，毁伤一个 20 米 ×20 米的结构目标，传统榴弹需要 147 发，而“神剑”仅需 3 发。

传统的惯性传感器对陆军应用而言成本过高，且难以承受高过载的发射环境。近几年来，随着基于 MEMS 技术的惯性导航系统的发展，惯性传感器（包括陀螺仪和加速度计）的成本大为降低、尺寸缩小，并具备了抗高发射过载（即高 g 值）的能力。这使得 MEMS 惯性导航系统成为小型导弹和智能弹药的导航、制导与控制系统的理想选择。

此外，采用 GPS 修正惯性导航系统以限制误差增长的办法十分有效。因此，在精度要求不那么高的军用惯性导航系统中，GPS 辅助已成为切实可行的方案。GPS 辅助 MEMS 惯性导航系统的方案成为将常规弹药改造为智能弹药的技术基础。

MEMS 惯性制导系统显著降低了精确投放弹药的成本，并将精确投放的能力拓展到炮兵弹药。这不仅可减少炮兵 30% 的弹药量，还能满足炮兵部队 90% 的导航要求。因此，采用 GPS 和 MEMS 惯性制导的智能炮弹，已成为美国陆军和海军陆战队炮兵武器中用途最广的新型弹药。在增程场景下，这种智能弹药还可用于掌控未来战场态势。

4.3.5 未来信息化战争的核心——惯性导航

在高技术条件下的现代战争中，信息作为新型战斗力要素，与火力、机动力、防护力等传统战斗力要素紧密融合。这使得传统依靠大规模火力杀伤的战争模式，逐渐转变为依赖信息与火力结合的精确打击模式。现代战争的维度已经从陆、海、空三维空间，拓展至陆、海、空、天、电多维空间。部队的战略机动能力、远程打击能力、情报侦察能力显著提升，前线与后方、进攻与防御的界限日益模糊，战争空间大幅扩展。惯性导航系统是一种基于加速度和角速度测量的现代航位推算导航定位系统，具有完全自主性、强隐蔽性、输出导航参数全面性等优势，这使其在未来的信息化战争中仍占据不可替代的地位。

MEMS 技术是武器装备信息化改造的支撑技术。它能够提高武器系统的精确打击能力，推动武器系统的信息化改造，并孵化新一代微型武器装备，甚至影响未来战争形态。

早在 1992 年，美国就在《军用关键技术清单》将“微米和纳米级制造技术”列为“在经济繁荣和国防安全两方面都至关重要的技术”。1996 年，美国国防部发布的报告中指出：MEMS 是冷战后开发的第一项技术，现在没有一项国防技术是可以独立于商业市场的，而 MEMS 具有明显的军民两用特性，以 MEMS 技术为代表的微米纳米技术是军民两用技术的典范。

目前，全球 MEMS 产品种类已超过 180 种。其中，由硅微陀螺仪、硅微加速度计、硅微机电惯性系统组成的 MEMS 惯性传感器及系统，是 MEMS 技术中难度最大、投入最多且发展最快的分支。这主要因其是一项关键的军用技术。微型惯性测量装置不仅用于各种战术武器的精确制导，还用于飞机和导弹的姿态控制、导弹导引头与光学瞄准设备的稳定控制。它既是飞机座舱仪表和试飞仪表智能化的重要装置，也是微型无人航空器和士兵导航定位的主要设备。

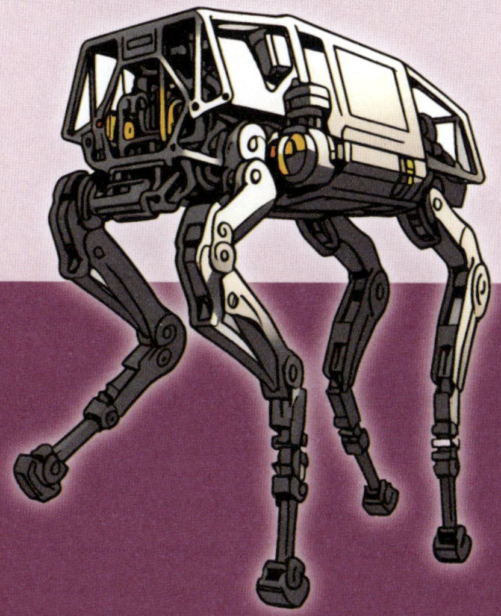

第 5 章

惯性导航与未来的智能世界

惯性导航技术因具有显著的军用特性，其发展一直受到军事需求的驱动，并成为一项高度敏感的军用技术。然而，惯性导航技术的应用并不局限于军用领域。随着惯性器件及系统成本的降低，其在民用、商用领域的应用范围正在不断扩大。

随着计算机与电力电子技术的发展，各种惯性仪器如雨后春笋般涌现。这些惯性仪器不仅推动了军事领域应用的革新，也开始广泛应用于机器人、交通运输、太空探索、矿山作业、行人导航及医疗等民用领域。

在未来的智能世界中，惯性导航技术将与3.3节中介绍的惯性导航系统的外援们，共同构成组合导航系统，并利用机器学习和人工智能算法，构建更智能的未来世界。

5.1 机器人与惯性导航

提起未来的智能世界，机器人无疑是其中不可或缺的一部分，而惯性导航技术则是机器人的关键技术之一。

机器人与传统的机械装置不同，不仅可在前后左右四个方向上移动，有的甚至能如人类一般上下楼梯，或像蜘蛛侠一般“飞檐走壁”。为实现机器人像人类一样灵活运动，如模仿人类完成各种复杂的动作，保证动作的准确性与稳定性，需要一套高精度的运动姿态控制系统。

机器人的关节结构比人体的更加复杂。为了实现精准控制，机器人的“大脑”需要根据精确的运动规划发出指令，再由执行机构驱动关节运动。这要求机器人所携带的传感器可准确地测量各关节的转动角度、角速度和角加速度，并将感知到的运动信号反馈到“大脑”中，由“大脑”对机器人的每一个动作进行判断和修正，以完成预定动作。这些测量任务主要依靠惯性器件完成。

此外，惯性器件不仅在机器人关节的姿态控制中发挥重要作用，还在机器人的实际运动中用于实现准确导航与定位。下面以波士顿动力公司的机器狗、特斯拉公司的人形机器人为例，简要介绍惯性导航系统在机器人中的具体应用。

波士顿动力机器狗

波士顿动力由美国工程师马克·雷伯特于 1992 年创立，是一家专注于工程与机器人设计的公司。波士顿动力最初因研发的 BigDog 而闻名世界，并在随后的每一年不断刷新技术高度。然而，由于专注于研发而忽略了商业运营，波士顿动力的发展之路并非一帆风顺。2013 年，波士顿动力被谷歌公司收购并纳入 Alphabet 旗下；2017 年，被日本软件银行集团收购；2020 年 12 月，又被韩国现代起亚汽车集团收购 80% 的股份。尽管商业发展道路一波三折，但波士顿动力的技术底蕴深厚。目前，波士顿动力已发布了多类机器人，包括 BigDog、LittleDog、PETMAN、LS3、Atlas、Spot、Handle 等。这些机器人在机械结构、算法步态控制和动力系统耗能等方面不断迭代升级。从已发布产品的历史线（见图 5.1）可以看出，波士顿动力的核心目标是发

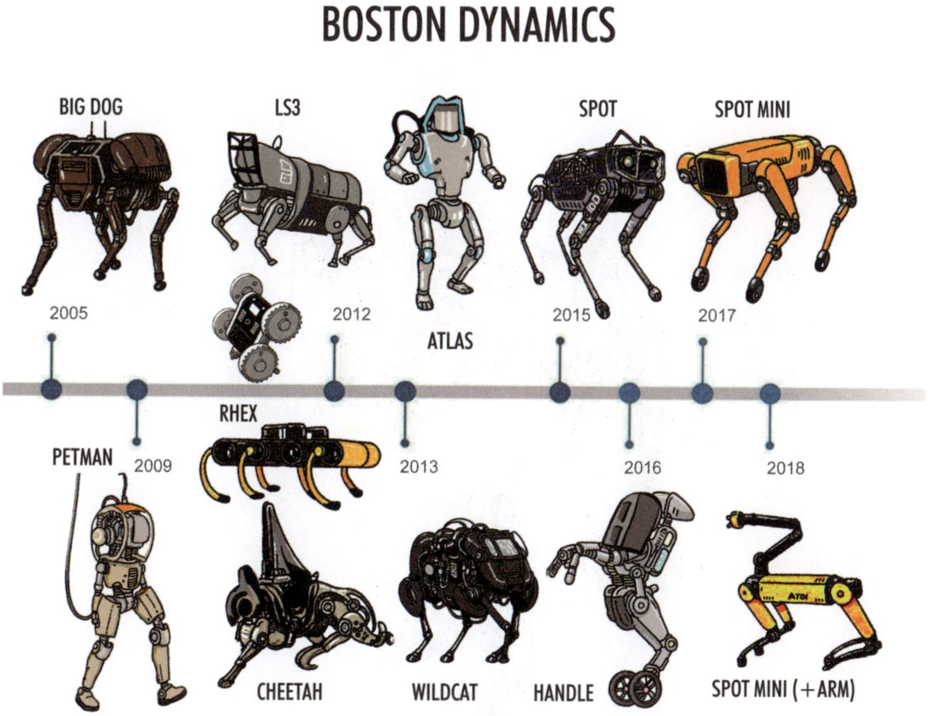

图 5.1 波士顿动力公司产品线

展足式机器人，以适应不同环境的需求，其关键技术在于动力学和平衡控制。足式机器人需要控制关节运动，根据运动目的设计腿部移动序列，在移动过程中感知地势以寻找有效支撑点，并维持本体的平衡和持续移动。

首先介绍波士顿动力较早发布的机器人——BigDog（见图 5.2）。

图 5.2 BigDog

Big Dog 以“一脚踹不倒”的视频而闻名。其开发目标是打造一款世界先进的户外应用四足机器人，供军方用于野外运输较重的物资。2004 年发布的 BigDog 高约 1 米、长约 1 米、宽 0.3 米、重 90 千克。BigDog 具备多种运动能力，可完成步行、小跑、起立、坐下等动作。在性能方面，它能够攀爬 35° 斜坡，以 1.8 米 / 秒的速度小跑，在岩石路上背负 50 千克负载时以 0.7 米 / 秒的速度步行或以 0.2 米 / 秒的速度爬行。

为实现复杂运动，BigDog 集成了约 50 个传感器，如图 5.3 所示。其中，惯性传感器是核心器件之一。它不仅用于控制每个关节的姿态

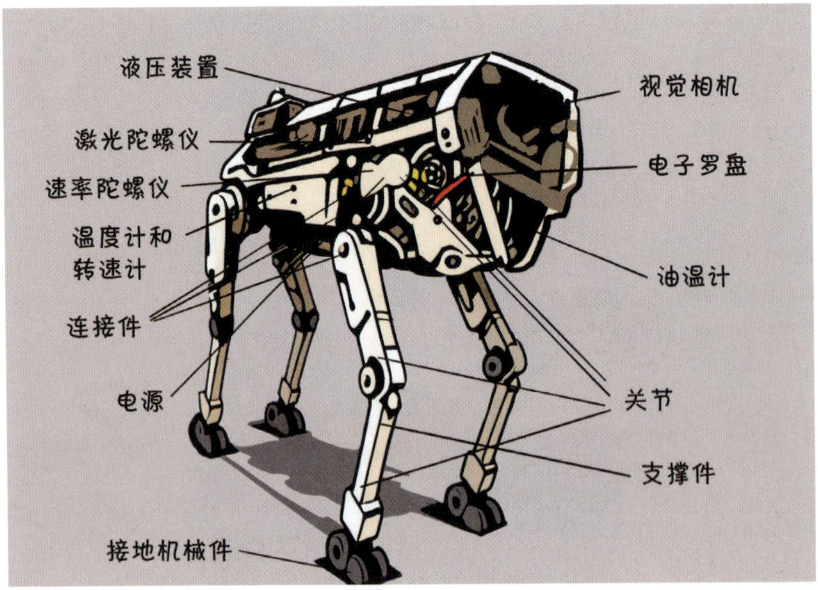

图 5.3 BigDog 传感器安装示意图

和加速度，还与其他传感器（如视觉相机、激光雷达、GPS 模块）共同构成组合导航系统，实现对 BigDog 的精确定位。

特斯拉人形机器人

2024 年 7 月 4 日，在世界人工智能大会期间，特斯拉二代人形机器人 Optimus2 亮相，如图 5.4 所示。相较于 2023 年 12 月 13 日发布的前代产品，Optimus2 有诸多改进：执行器和传感器全部由特斯拉自主设计和制造；整体外观设计更为精细；行走速度提高 30%；质量减少 10 千克；平衡感和身体控制能力得到改善，相关视频展示了其做深蹲的动作；配备了全新的双手，能够抓握更重的物体，并能进行更加精细的操作。

图 5.4 Optimus2 示意图

特斯拉在第二代人形机器人的设计中不仅实现了减重和提速，还更注重控制和运动平衡的稳定性，通过集成多种传感器赋予机器人视、力、触等多种感知能力。这些传感器不仅增强了 Optimus2 对自身状态的感知，还提升了对外部环境的感知能力。

在 Optimus2 的惯性导航系统中，惯性传感器和视觉传感器占据重要地位。惯性传感器用于测量机器人的加速度、角加速度和磁场强度，从而实时输出速度、位置与姿态信息。视觉传感器则通过捕捉环境图像，实时修正惯性传感器的偏差，确保定位的准确性。

从技术路线看，特斯拉的人形机器人采用了高度集成化的设计，融合了定位感知模块、决策规划模块和运动控制模块。在定位感知层面，机器人利用惯性传感器的导航信息与高清摄像头收集的环境信息，通过神经网络生成三维空间地图，实现对周围环境的精确感知，以及对自身姿态、速度、位置的解算。决策规划模块则基于这些感知信息，通过复杂的算法进行路径规划和行为决策，确保机器人在复杂环境中的自主导航和任务执行。运动控制模块基于感知信息模块和决策规划模块的指令，实现机器人的精准运动控制与多样化动作执行。特斯拉人形机器人的任何功能都离不开以惯性导航为核心的导航定位系统的支撑。

特别值得一提的是，特斯拉在人形机器人的算法上实现了重要突破，其创新性地构建了“BEV（鸟瞰图）+Transformer（一种深度学习模型架构）+Occupancy Network（占用网络）”的多模态感知范式，实现了从二维图像到三维空间的智能理解，极大提升了机器人对环境的认知能力。此外，通过应用 Occupancy Network，特斯拉将感知算法从二维提升到包含时序信息的四维，使机器人能够更好地理解和预测动态环境中物体的运动。

可以看出，惯性导航系统不仅为机器人提供必要的位置、速度和姿态信息，还可以通过与视觉信息结合，利用神经网络等先进的感知预测算法处理数据，进一步提升机器人的定位精度，并有效校准基于视觉信息生成的局部点云地图。因此，惯性传感器在机器人领域中是不可或缺的器件。

毫不夸张地说，如果导航系统是机器人的眼睛，那么惯性导航系统就是这双眼睛的视网膜，没有惯性导航系统，就难以维持机器人的高精度定位导航。

5.2 交通运输与惯性导航

除了机器人领域，惯性导航也广泛应用于在我们的日常出行，为交通运输保驾护航。凭借全天候、自主性高、不受外部环境影响、全球适用范围广等特点，惯性导航系统使各类交通运输工具可以更加准确、安全地为旅客提供服务。接下来，以民航运输、海洋运输和铁路运输为例，介绍惯性导航在交通运输业中的具体应用。

民航运输与惯性导航

在 20 世纪前叶，民航飞机的导航主要依靠无线电等手段。然而，由于无线电导航的局限性，民航飞行很难实现跨区域导航。自 20 世纪 60 年代喷气式飞机进入大众视野后，民航运输业对于远程飞行尤其是跨洋飞行的需求与日俱增。恰在此时，正在蓬勃发展的惯性导航逐渐成为民航飞机的主要导航手段。如今，在民航运输业中，无论是轻型飞机还是重型客机，大多装备了惯性导航系统，以满足飞机对跨洋、全天候和精确飞行的导航需求。图 5.5 所示为两种新型民航客机——空中客车 A380 和波音 787，它们都配备了先进的惯性导航系统。

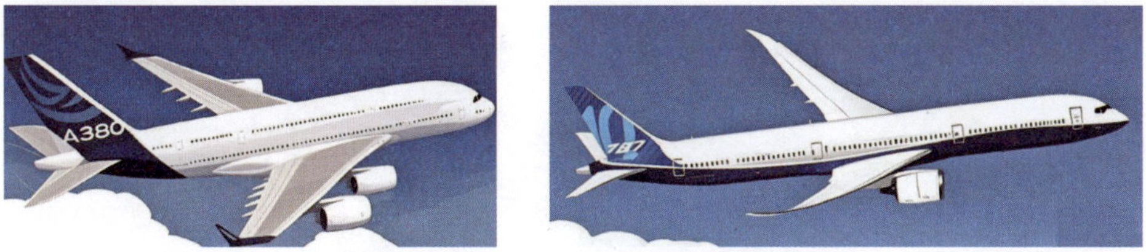

图 5.5　空中客车 A380（左）和波音 787（右）

波音 757 采用了以激光陀螺仪为核心的惯性导航系统，这一应用不仅标志着激光陀螺仪技术在航空领域的首次应用，也成为该技术迈向实用化的重要里程碑。为了进一步提升惯性导航系统在导航过程中的容错性，波音 777 引入组合式容错大气数据惯性导航系统（fault tolerant air data inertial reference system，FT-ADIRS），取代旧有系统。FT/ADIRS 通过传感器斜置冗余和容错电子技术，提高系统的完整性和可用性，降低运营成本，因此备受瞩目。空中客车 A380 作为全球最大宽体客机，搭载了由惯性导航设备、GPS 与大气数据系统共同构成的先进组合导航系统。尤为引人注目的是，该系统的惯性部分融合了光纤陀螺仪与 MEMS 加速度计两项尖端技术，其中光纤陀螺仪达到了导航级标准，MEMS 加速度计实现了高精度测量，二者共同实现了技术创新的双重飞跃，而 GPS 自主良好性监控技术更是锦上添花。

为了提升我国在航空运输业的技术实力与战略地位，中国商用飞机有限责任公司成功研制并首飞国产化大飞机 C919，如图 5.6 所示，标志着中国航空工业取得重大突破。C919 的导航系统包括大气数据系统、惯性导航系统、无线电导航系统、综合监视系统（气象监视、地形监视等），以及备用系统。其中，惯性导航系统采用激光陀螺仪提供惯性导航数据，并结合大气数据系统的真空速和高度变化率信息、全球卫星导航系统的位置信息、个性化模块提供的校准数据，计算姿态、航向、转动速率、加速度、地理位置等信息，为飞机的智能航行提供必要的导航支持。

图 5.6 C919

可以预见，在未来的民航运输业中，惯性导航系统的应用将愈发广泛。无论是在飞行员手动起降阶段，还是在机载计算机智能航行阶段，惯性导航系统都将为飞机的安全飞行保驾护航。

海洋运输与惯性导航

除了广泛应用于民航运输业的机载环境，惯性导航系统还经常应用于船舶等舰载环境。在浩瀚的海洋中，水手们需要一种可以随时给出航行期间的实时位置、航行的方向和速度的工具，以确保船舶能够按照预先计划好的航线安全、准时地到达目的地。这些需求恰好与惯性导航系统的特点及优势相契合，因此惯性导航系统理所应当地成为航海领域指引方向的“北极星”。

在以惯性导航为主的导航系统中，出发前，船长将起始点、目的地、各航路点的地理坐标和到达时间装定到导航计算机中。航行过程中，控制系统将根据以惯性导航为主的多源组合导航系统所提供的位置、速度与姿态信息，完全自动地控制船舶从一个航路点转到下一个航路点，最后到达目的地。此外，在航行过程中，风、气流、浪涌会对船舶的行驶造成影响，使其偏离预定航线。这时就需要借助惯性导航系统的导航信息，实时修正航行路线，以尽快回到原航线中，最终准确、安全地抵达目的地。

随着无人化、智能化需求的增长，海洋运输也开始步入无人航行的进程中。现代重工集团旗下的自主航行船舶解决方案子公司 Avikus 通过融合惯性导航、GPS、激光雷达、特种相机、5G 网络等多源信息，研制出智能航行辅助系统——HiNAS。该系统已在运河环境中实现船舶的完全自主航行。

在此基础上，Avikus 公司通过人工智能技术融合各种传感器信息，并引入增强现实技术，开发出新一代智能航行系统 HiNAS 2.0，实现了船舶以最佳航线和速度自动航行。为验证系统性能，一艘搭载了 HiNAS 2.0 的超大型液化天然气运输船 Prism Courage 号（见图 5.7）从美国墨西哥湾自由港出发，经巴拿马运河，历经 33 天成功抵达韩国 LNG 接收站。

图 5.7 Prism Courage 号

在这段跨洋航行中，Prism Courage 号有约一半的航程通过自主航行完成。这是全球首次大型船舶应用自主控制技术完成跨洋航行的实例。在 Prism Courage 号进行自主航行的阶段，HiNAS 2.0 利用现代全球服务公司开发的智能船舶解决方案，为船舶提供实时的天气和海浪补偿。该系统通过深度学习、增强现实技术进行障碍物识别，并结合激光雷达、GPS 和惯性导航系统的传感器融合功能，输出正确的船舶控制和导航信息，引导船舶寻找最佳航路和航速，使其完成实时转向、规避过往船舶等操作。该方案的成功，标志着惯性导航系统将借助深度学习等技术，在智能航运领域发挥更大的作用。

除了在船舶等水上交通工具中应用广泛，惯性导航系统在水下环境中也发挥着重要作用。由于天文、无线电、卫星等导航系统的信号很难穿透水体或入水后信号严重衰减，水下环境中的定位变得极为困难。这一现实使得惯性导航系统的重要性在水下环境中进一步提升。毫不夸张地说，如果没有惯性导航系统，那么遨游在浅海或深海中的各类潜艇和潜水器就如同失去了双眼，难以完成自身的导航与定位。例如，图 5.8 所示的“美人鱼”号观光潜艇，其水下导航与定位便依赖惯性导航系统。未来乘坐此类潜艇遨游海底世界时，可以记住正是惯性导航系统在默默为你的行程保驾护航。

图 5.8 “美人鱼”号观光潜艇

铁路运输与惯性导航

火车在铁路上疾驰而过，沿途遍布精密的信号与标识系统。对经验丰富的火车驾驶员而言，这段旅程已是轻车熟路。那么，在铁路交通科技日新月异的今天，惯性导航系统是否有一席之地？答案无疑是肯定的。特别是在新建高速铁路的铺设、复杂线路的勘探测量，以及铁路隧道的精准掘进等工程中，惯性导航系统展现出了不可替代的价值。

为了保证铁路轨道的平顺性，必须进行多种数据的精准测量。如果轨道不够平顺，机车车辆就会出现系统振动，这不仅会增加轮轨噪声、轮轨相互作用力，还会直接影响乘车的舒适性与安全性。随着高铁建设的飞速发展，轨道精测技术也在不断演进。

惯性组合导航铁路轨道几何状态测量仪（见图 5.9），也被称为“惯导小车”，是目前常用的测量设备。测量时，工作人员需要在轨道上推动惯导小车。由于惯导小车是在三维空间中运动的，因此可以建立空间坐标系。结合测量过程中收集的三个方向的各项数据，通过计算

图 5.9 惯性组合导航铁路轨道几何状态测量仪

机计算出轨道各部分的空间坐标，进而判断轨道的几何形位是否存在异常偏差。

基于惯性导航系统的“惯导小车”仅需一台设备就能对任意位置的轨道几何形位进行精准定位。测量数据可实现一站式集成处理，在保证精度的同时显著提高作业效率。这意味着，采用“惯导小车”进行铁路轨道数据采集后，可实现数据自动采集和处理，基本不需要人工干预。

在提升列车速度、确保高铁及动车组安全行驶的过程中，轨道条件与轮轨相互作用的状态至关重要。特别是在曲线段及道岔区域，对速度的精确控制及车辆动态的细致监测成为安全行车的关键。通常情况下，惯性导航系统用于监测列车通过道岔时的摆动情况及角速度变化，进而计算轨道超高（外轨相对内轨的垂直高度差）并动态调整列车运行速度。

在行车舒适性方面，针对高速行驶的列车在弯道和道岔区域因离心惯性力导致的剧烈颠簸，高精度惯性导航系统实时监测车厢晃动的加速度，并联动一套精密控制机构，驱动车厢进行反向摆动，以车厢倾斜产生的反向力抵消惯性力，从而在高速行进中为乘客带来平稳舒适的乘坐体验。这一设计不仅提升了列车的安全性，更显著增强了乘客的旅行舒适度。这标志着惯性导航系统在铁路运输业占据不可或缺的地位。图 5.10 所示为和谐号列车。

图 5.10 和谐号列车

综上所述，当前的惯性导航系统已广泛应用于民航、海洋、铁路的交通运输业。随着人工智能技术及新兴的深度学习技术的发展，惯性导航系统正逐渐成为未来智能交通运输业的基石。

5.3 太空探秘与惯性导航

20 世纪中叶，从美苏冷战背景下开展的太空竞赛，到如今的卫星发射、空间站上天、探月和探火工程，人类对太空的探索从未停止。在人类从地球向浩瀚无垠太空的征程中，惯性导航做出了许多不可或缺的贡献。

在当前的太空探索中，主要有月球探索和火星探索两个方向。在这两大方向中，惯性导航系统都提供了强大的导航能力，保障了探月和探火工程的成功。

探月工程与惯性导航

首先聚焦距离地球最近的天体——月球的探索进展。月球作为地球唯一的天然卫星，因独特的地理位置、特殊的环境条件和丰富的物质资源，成为人类进行空间探测和开发利用太空的首选目标。自 1958 年苏联发射了首个月球探测器以来，人类月球探测的序幕正式拉开。截至目前，国际月球探测活动已实施 126 次。在如今的探月热潮中，除了美国和俄罗斯，欧洲空间局、日本、印度、以色列等国家和组织也先后加入月球探测的行列，英国、韩国等也跃跃欲试。2018 年以来，多个国家和组织纷纷更新月球探测计划，月球正成为各国太空战略的新焦点。

2000 年 11 月，国务院发布了《中国的航天》白皮书，明确提出以月球探测为主的深空探测发展目标。2002 年起，原国防科学技术工业委员会组织建立了全国大协作的工程体系框架，提出中国实施月球探测的发展思路：坚持“循序渐进、分步实施、不断跨越”的原则，逐步积累技术和经验，及时提高运载能力以适应深空探测的发展需求，分“绕、落、回”三步走，于 2020 年前完成我国的探月工程，即嫦娥工程。

所谓“绕、落、回”是指分别以环绕月球实现全局探测、在月面软着陆并开展巡视及精细探测、在月球表层采集样品并带回地球进行实验室研究为核心目标，实施探月一、二、三期工程。

2007 年，我国发射了第一颗月球探测器——“嫦娥一号”卫星，标志着我国成为具有深空探测能力的国家。如图 5.11 所示，为满足“嫦娥一号”卫星多次复杂轨道控制任务的高可靠和强自主性要求，技术人员提出了由紫外线、星光、惯性系统构成的组合导航定姿系统，并攻关研制出了高精度加速度计等高性能新产品，突破了惯性导航定向与定姿的高可靠、高精度自主轨道控制和环月三体指向自主控制等关键技术。由此可见，惯性导航技术在“嫦娥一号”卫星绕月过程中立下了汗马功劳。

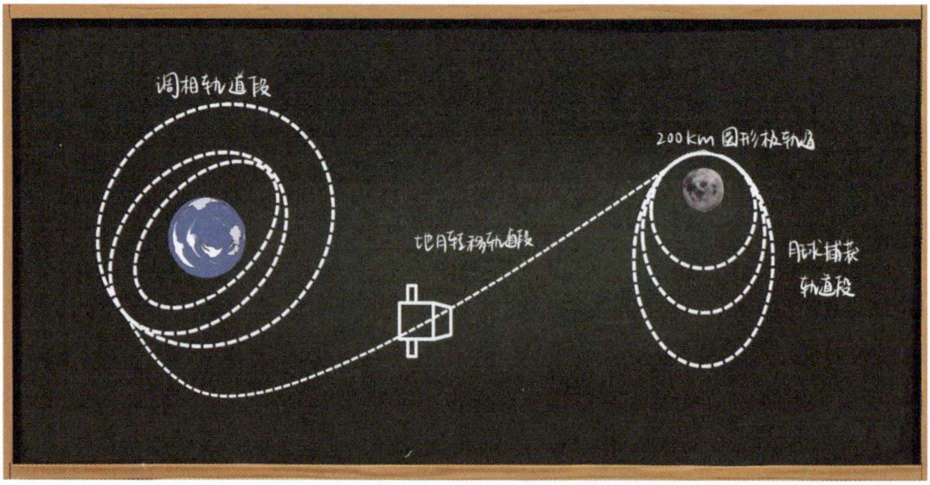

图 5.11 “嫦娥一号”的飞行过程示意图

按照既定的“三步走”战略，探月工程二期由国家相关部门立项并进入工程实施阶段，其核心目标是实现月面软着陆，以开展月面就位探测与巡视勘察。在这一阶段，“嫦娥三号”卫星作为我国首个在地球以外天体表面实施软着陆的航天器，继承了“嫦娥一号”卫星基于高精度惯性导航器件的轨道控制技术，并在惯性器件的测量范围、姿态控制补偿等方面进行了设计改进。这些改进进一步提升了轨道控制精度；同时，通过采用自主惯性对准技术，解决了卫星在太阳定向模式下的惯性快速对准问题，实现了轨控准备过程的全自主控制。

在月球软着陆过程中，动力下降阶段是一个时间短、速度变化大且不可逆的关键过程，无法依赖地面实施导航与控制。因此，探测器必须依靠自身的导航系统，基于测速、测距和地形识别等传感器，实现全自主的制导、导航与控制。同时，由于月球表面地形复杂，为提高着陆安全性，“嫦娥三号”卫星系统采用了基于惯性导航并结合外部测距测速信息修正的自主导航方案。此外，该方案还开发了基于光学图像和三维高程数据自主接力避障控制算法，实现了路径优、燃料省、误差小、避障能力强的全自主避障软着陆控制。图 5.12 所示为“嫦娥三号”卫星的着陆过程。

在“嫦娥三号”成功着陆后，为了开展月壤采样等任务，月球车的自主导航能力至关重要。为确保“玉兔”月球车在月表的正常行驶，研究人员首次采用立体视觉与惯性组合导航技术，实现了月面未知环境的三维地形重建。基于此，提出了基于惯性 - 立体视觉的局部自主避障算法，完成了月球车自主局部路径规划，显著提高了月球车适应月面复杂地形的能力。

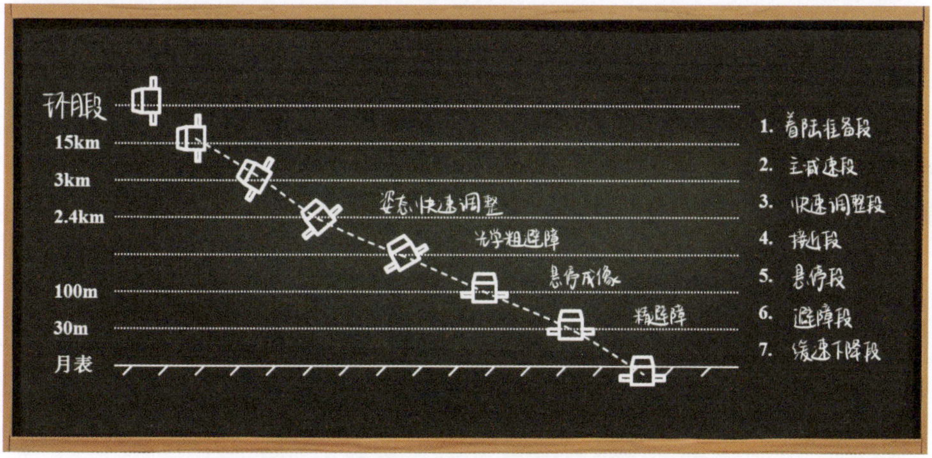

图 5.12 “嫦娥三号”卫星的着陆过程示意图

此外，月球车的定位较地面无人自主车辆和移动机器人更具挑战性。相关技术人员基于组合导航的理念，设计了惯性基车载视觉系统的图像匹配定位和路标特征匹配等方法。通过融合多种传感器数据，这些方法实现了月球车的精确定位，为月球车在月球表面的高效探测提供了重要支持。

探火工程与惯性导航

除了在探月工程中为飞行器的飞行、着陆和月表探索提供支持，惯性导航系统在火星探测中也发挥了至关重要的作用。

火星是太阳系中与地球最为相似的行星，承载着人类对宇宙探索的诸多梦想。探测和研究火星不仅能够增进人类对宇宙的科学认知，拓展人类活动空间，还能促进人类文明的可持续发展。通过火星探测获取的第一手科学数据，对研究太阳系起源与演化、生命起源等重大科学问题具有极其重要的意义。

火星探测始于 20 世纪 60 年代，苏联于 1960 年发射了人类首个火星探测器，揭开了火星探测的序幕。截至目前，全球已开展了 40 余次火星探测活动。由于火星距离地球遥远且环境复杂，火星探测的技术难度远高于近地和月球探测，风险也更大。其中，自主导航控制是急需突破的关键技术之一。

在火星探测任务中，地火距离远远大于地月距离，随着距离的增加，地面测轨精度显著降低。特别是在火星捕获和环绕阶段，仅依赖地面测定轨结果难以满足探测器对火星定向精度和自主维持轨道的安全需求。因此，探测器必须具备自主导航与控制能力。

火星表面存在稀薄大气层，密度约为地球的 1%，厚度约为 125 千米。因此，火星的着陆包括：接近段、大气进入段、降落伞下降段、动力下降段和着陆段，如图 5.13 所示。着陆后的“天问一号”探测器如图 5.14 所示。

在大气进入段和降落伞下降段中，由于火星大气环境恶劣，飞行器有时还会产生通信“黑障”现象。这种现象是飞行器进入大气层时，其周围形成的等离子体鞘套对电磁波产生强烈的吸收和散射作用，导致通信信号衰减甚至中断。因此，以往在大气进入段主要采用惯性导航方式，以应对高超声速的动态环境。然而，纯惯性导航系统的精度会受到初始状态偏差、惯性器件漂移及随机误差、外部环境扰动等因素的影响。

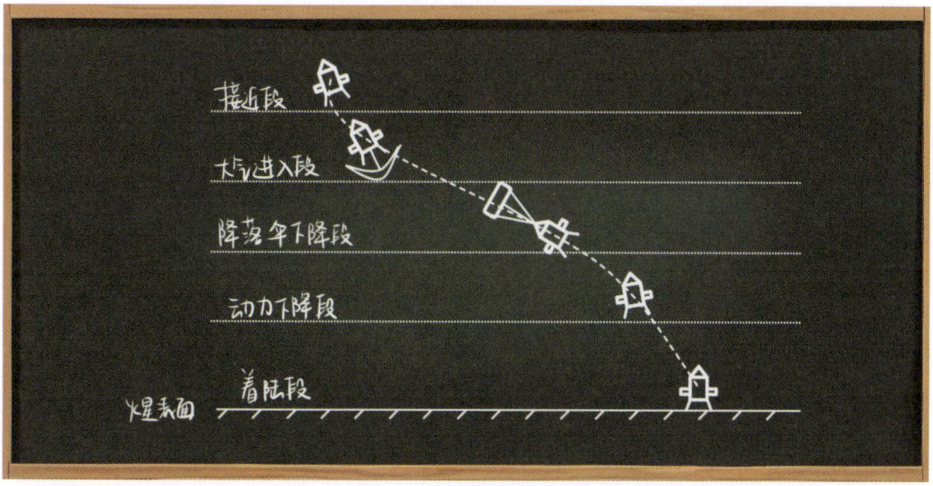

图 5.13 火星探测过程示意图

图 5.14 “天问一号”探测器

随着对火星探测着陆精度要求的不断提高，各国都在寻求更为可靠和精准的导航系统。由于高频无线电信号穿透探测器周围等离子鞘的能力较强，可有效降低火星进入段通信“黑障”区的影响。因此，目前主流的解决方案是采用基于惯性和无线电测量的组合导航系统。该系统通过火星轨道器或星表信标提供探测器相对信标的距离和速度信息，实时校正惯性导航系统的偏差。此外，在火星动力下降段，传统上采用雷达高度计来获取探测器的高度和速度信息。然而该方法无法直接测量探测器相对目标点的水平位置信息。为此，技术人员将惯性导航系统、多普勒雷达和无线电系统组成组合导航系统。该系统利用雷达输出的波束距离与速度信息，以及无线电接收机输出的相对径向距离，对惯性导航系统进行辅助，从而在动力下降段实现了高精度的位置和速度测量。

综上所述，惯性导航系统在太空探秘任务中始终发挥着重要作用。未来在实现载人登月、深空探索等重大航天工程时，惯性导航系统仍将作为核心技术支撑这些宏伟目标的实现。

5.4 智能开采与惯性导航

煤炭是我国的主体能源和重要工业原料，煤炭工业是国民经济的基础性产业，为经济社会平稳发展提供了有力支撑。2019年，我国原煤产量38.5亿吨，同比增长4%。近年来，受经济增速放缓、能源结构调整等因素影响，煤炭消费需求呈下降趋势。但基于我国“富煤、贫油、少气”的能源赋存特点，煤炭将在一次性能源生产和消费中的主导地位仍将持续，这一格局在短期内不会发生根本改变。

煤炭智能化开采是推动煤炭生产方式和发展模式深层次变革的重要途径，也是实现煤炭工业高质量发展的必由之路。国家发展改革委、国家能源局联合印发的《能源技术革命创新行动计划（2016—2030）》中明确指出：要提升煤炭开采效率和智能化水平，研发高效建井和快速掘进、智能化工作面、特殊煤层高回收率开采等技术，到2030年重点煤矿区基本实现工作面无人化。实现煤炭开采智能化和工作面无人化的关键是提高综采工作面开采装备的自动化和智能化水平。综采工作面的开采装备主要包括采煤机、刮板输送机和液压支架，分别承担着采煤、运煤和支护等任务。在工作过程中，采煤机运行在刮板输送机上，液压支架根据采煤机位置实现降架、推移刮板输送机和拉动液压支架移架。采煤机移动范围广、工作时间长、运动过程复杂，工作面其他装备均是以其为核心进行工作。采煤机的智能化是实现综采工作面“无人化”或“少人化”采煤的关键因素，而准确定位是实现采煤机智能化的基础。

然而，煤矿井下环境特殊、工况恶劣，地面常用的无线电导航、卫星定位等技术无法穿透地层对采煤机进行定位。此外，工作环境复杂、煤岩性质和采煤路线不断变化，导致采煤机运动状态持续改变，控制采煤机运行及确定其某一时刻的运动状态参数极为困难。现有的红外、超声波和齿轮计数等采煤机定位方法，无法测量采煤机的航向，难以真正实现采煤机运动轨迹的监测。而基于惯性导航系统的定位方法不仅可以准确定位采煤机，还可以测量采煤机运动方向，为采煤机的记忆截割技术、智能调高技术和智能调速技术提供必要的数据支撑，同时为刮板输送机的调直和液压支架的自主跟机奠定基础。

20世纪90年代，澳大利亚联邦科学与工业研究组织（CSIRO）推出了基于惯性导航定位的自动化采煤方法（longwall automation steering committee，LASC）。LASC采用高精度光纤陀螺仪和定制的定位导航算法，解决了惯性导航系统与采煤机高度通信、采煤机起点校准、截割曲线生成和支架推移调整控制等难题，实现了采煤机的三维空间定位、工作面自动调直、保持工作面平直度、切割高度自动控制等功能。

在国家提出“2030年实现智能化开采”的目标后，智能开采已成为煤炭开采技术的发展方向。国家能源集团宁夏煤业有限责任公司红柳煤矿积极践行煤炭行业“机械化换人、自动化减人”的发展理念，引进LASC惯性导航技术，并结合国内成熟的自动化产品，经过近三年的探索，成功实现了在8°～15°倾角煤层中全工作面双向全截深自动化跟机工艺、采煤机记忆截割、快速移架、工作面直线度检测与找直、工作面设备视频监控及集中控制等功能的常态化应用。这为我国煤矿综采工作面由自动化开采向智能化开采升级提供了切实可行的解决方案。

无独有偶，龙王沟煤矿在采煤机机身中部安装了惯性导航系统。当工作面完成割一刀煤的割煤作业后，惯性导航系统即可生成该刀煤的采煤机运行轨迹曲线，并通过云台服务器发送至支架电液控制系统。支架主机收到数据后，自动将数据下发给支架控制器，支架控制器根据数据生成找直策略。在割下一刀煤时，支架控制器将依据割上一刀煤的轨迹曲线进行数值补偿。经实测数据验证，龙王沟煤矿255米工作面直线度检测精度可达±50毫米。

除了为采煤机的定位、定姿提供支持，惯性导航系统还广泛应用于矿山掘进工作面、综放工作面等场景。应用惯性导航系统后，智能化快速掘进工作面突破了准格尔区特厚煤层智能化快速掘进的难题。通过装备惯性导航系统的智能掘锚一体机，煤矿可以实现掘、支、锚、运、破一体化连续作业，并实现一键钻锚、自动缩紧、阀芯智能监测和顶板煤层硬度实时监测，最终实现掘锚机的自动定位、定向、定姿功能。

基于惯性导航系统的智能综放工作面，突破了采煤机外置射频定位技术的瓶颈，实现了包括三角煤在内的全工作面自动化跟机移架、自动收打护帮板、自动喷雾等功能。同时，结合相关电气设备，实现了自动化割煤、自动割三角煤、自动往返等功能，赋予了采煤机自感知、自记忆、自决策、自控制的能力。借助惯性导航系统的能力，智能综放工作面还实现了自动矫正调直，解决了刮板输送机“上窜下滑”和采煤机割三角煤的技术难题。从应用反馈来看，该智能综放工作面将煤矿的放煤效率提高了 30%，回收率提升至 95%，同时减少了多名现场放煤工，实现了回收率与煤质的“双控”，为内蒙古地区 20 米以上特厚煤层智能放煤系统建设提供了先进经验，在煤炭行业居于领先地位。图 5.15 所示为智能掘锚一体机。

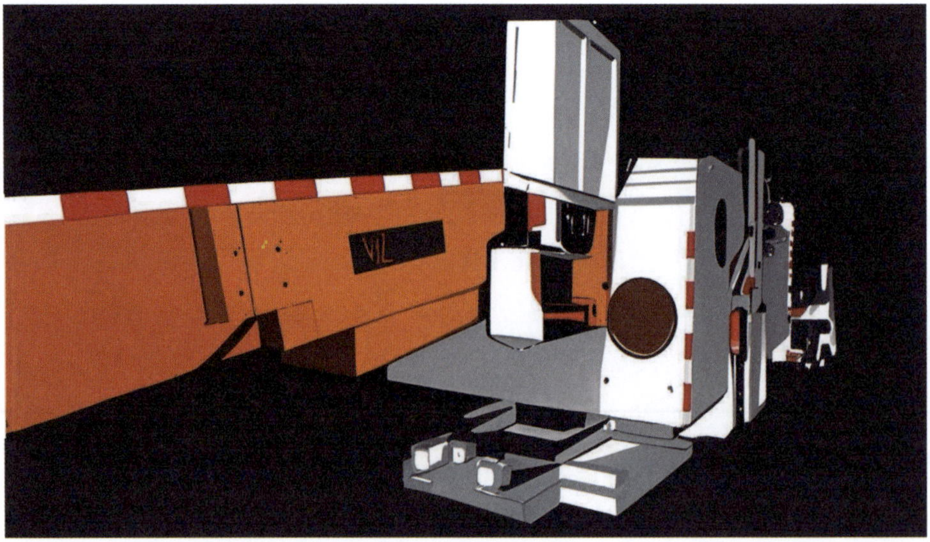

图 5.15　智能掘锚一体机

此外，通过综合应用人工智能、惯性导航系统与激光雷达等多项技术，煤矿可以实现对业务车辆位置、车厢内装货高度等关键信息的建模分析及多场景的智能判断，从而实现智能化无人装车。运用智能化装车后，煤矿装车效率提高了一倍以上，且能直接解放大部分现场操作人员的双手。

由此可见，惯性导航系统在智能煤矿的建设中发挥了极为重要的作用。借助惯性导航系统及其他相关技术，智能化的无人矿山时代或许很快就会到来。

5.5 行人导航与惯性导航

近年来，行人自主导航技术因能够为行人提供高自主性、高智能性、高可靠性和低成本的位置服务而备受关注，成为导航与位置服务赋能可穿戴设备的关键驱动力。具体来说，行人导航系统（pedestrian navigation system，PNS）是一种基于行人运动特征的自主导航定位技术。该技术通常在行人的脚部、腿部、腰部或肩膀上安装惯性导航传感器，以收集数据估计行人在运动过程中的步数、步长和航向，从而确定行人当前位置的坐标。

最初，行人导航系统主要是为盲人、武装人员和应急人员等提供导航定位服务。以消防救援场景为例（见图 5.16），行人导航技术可以快速定位受灾人员的被困位置，最大程度降低生命和财产损失。同时，该技术还可以对救援人员的自身位置及状态进行有效监控，提升救援效率，并尽可能保证救援人员人身安全。

行人导航系统在多个领域发挥着重要作用。在安全防护方面，该系统能够实时获取军事行动和救援人员的精确位置，为人员安全提供保障；可应用于监狱管理等特殊场所，实时监控在押人员位置并管控监外人员活动范围；能为失智老人和走失儿童提供位置信息服务。在商业服务领域，基于用户实时位置数据，系统可为商场、超市和旅游景点的访客推送周边商业信息，显著提升用户体验。医疗健康方面，系统可实时监测特殊患者的运动状态，及时发现异常情况，患者还能

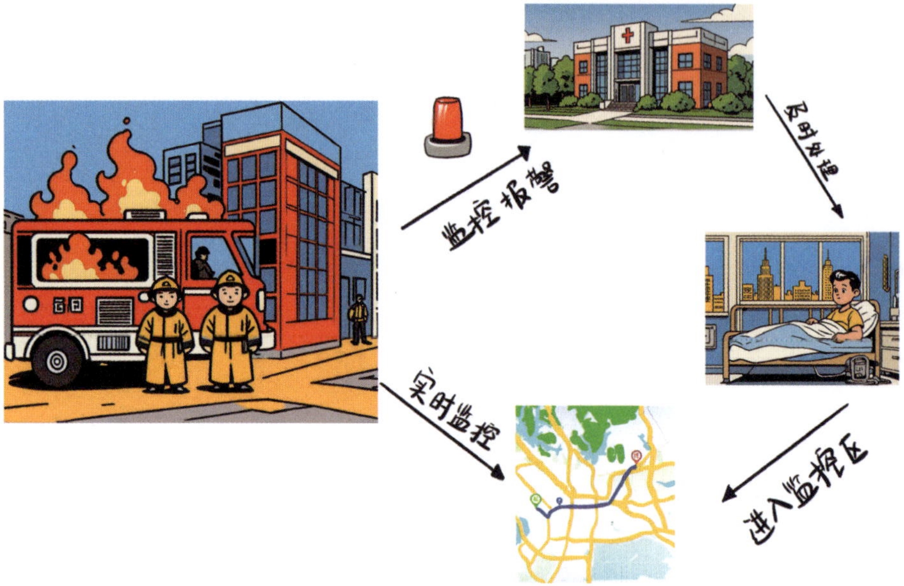

图 5.16 行人导航在消防救援中的应用

通过系统发送包含精准位置信息的求救信号以获得及时救治。此外，行人导航系统通过实现交通换乘、室内外导航的无缝衔接，不仅极大便利了普通行人的日常出行，更能为视觉障碍者等特殊群体提供精准的导航辅助。

1998 年，“陆地勇士”行人导航系统问世。该系统利用惯性传感器和磁强计估计行人的运动方向，并结合水平步长信息推算在卫星拒止环境下的行人位置。此后，这种由步长和航向二要素构成的行人自主导航系统被简称为惯性基行人自主导航系统（inertial-based pedestrian autonomous navigation system，IPANS），其原理如图 5.17 所示。该系统通常由单步检测器、步长模型和方向估计器构成。其中单步检测器负责划分行人的单步周期。当单步检测器被触发时，系统利用单步周期的惯性数据和具有统计性质的行人步长模型计算水平步长，同时解算单步周期内的步进方向，再根据步长和方向角合成行人单步水平位移向量，最后更新行人的位置。由于原理简单且便于使用，该方法被广泛应用于各类手持式、腰绑式、足绑式的行人自主导航系统中。

基于 IPANS 的进一步研究发现，在常规步态下，足部站立时，惯性传感器输出的曲线较为平稳；而足部摆动时，测量曲线则会出现多个尖峰。为解决这一问题，基于零速修正（zero velocity update，ZUPT）的足绑式 IPANS 系统（以下简称为 ZUPT 系统）开始广泛流行。图 5.18 所示为 ZUPT 系统的原理。ZUPT 系统是将惯性传感器固定在鞋上，使用零速检测器检测脚部运动的零速时刻，以该时刻为节点触发卡尔曼滤波，通过估计并修正惯性导航系统的状态误差，抑制惯性导航系统误差发散的趋势。该方法利用载体静止时速度为零的特性，将惯性导航系统解算的速度作为误差观测量，对系统误差进行修正，从而显著提高导航精度。

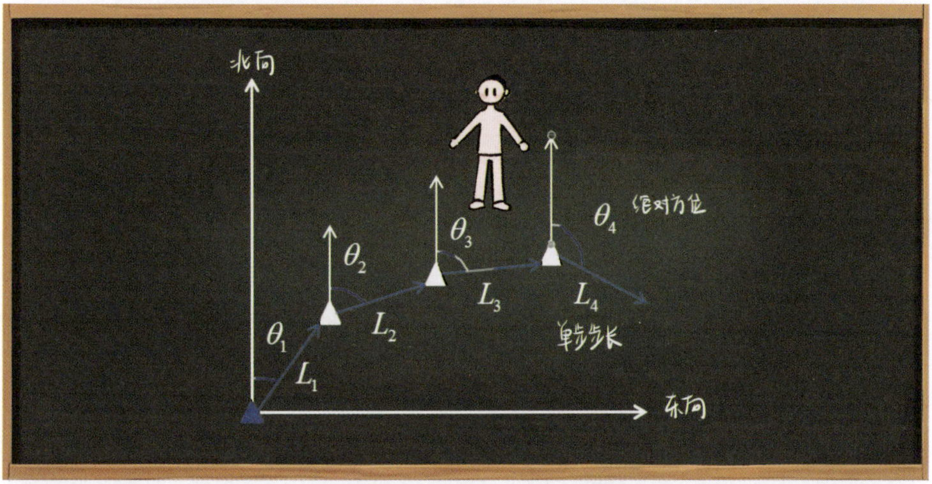

图 5.17　IPANS 原理示意图

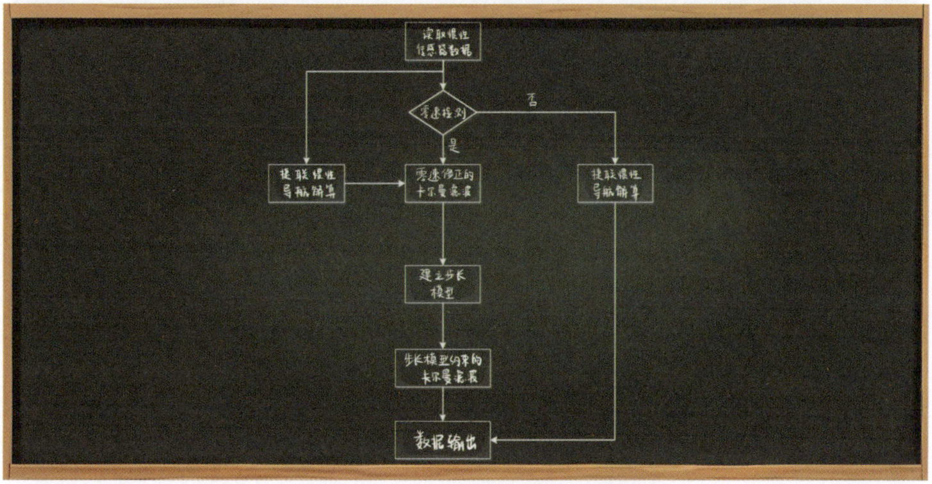

图 5.18　ZUPT 系统原理示意图

随着人工智能与深度学习技术的发展，基于深度学习的行人自主导航技术受到广泛关注。如图5.19所示，该技术利用深度神经网络模型校准惯性导航传感器的噪声，以减少惯性导航系统的累积误差。这种方法不依赖具体的物理或数学模型，而是依靠深度神经网络模型强大的非线性映射能力，在大量惯性测量数据中学习行人在复杂运动模式和携带方式下的深层运动特征，进而缓解行人自主定位过程中的漂移问题。通常的做法是将原始的惯性测量数据分割成独立的窗口，使用基于双向长短时记忆网络的深度神经网络模型，以窗口数据作为输入、位移作为输出，进而完成轨迹重建。为了量化模型的可信度，还会增加对预测模型的不确定度估计，以提高模型的可用性。然而，基于深度学习的行人自主导航依旧面临诸多挑战，如足够真实的标签获取困难、复杂场景下定位鲁棒性差及端侧部署难度大等。因此，未来，准确、快速、高效的真实标签获取方法，以及行人自主导航深度学习模型的泛化与加速能力将是研究的关键。

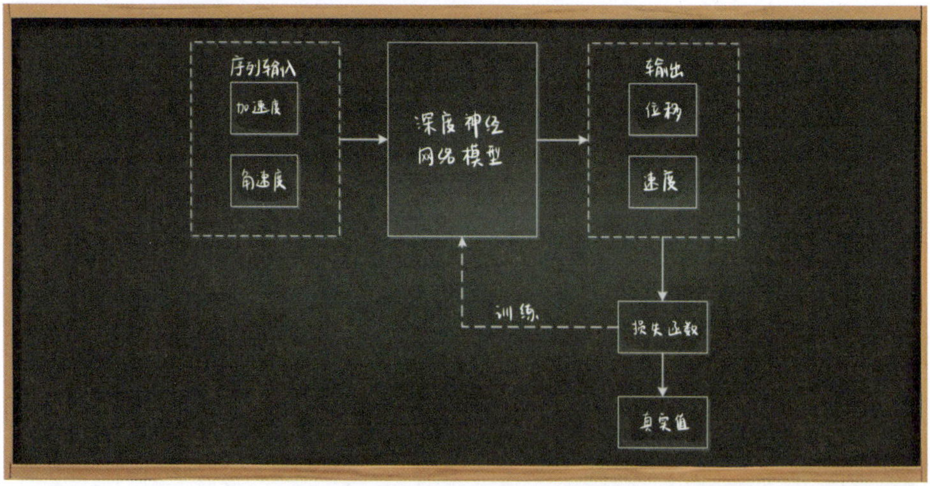

图5.19 基于深度学习的行人自主导航技术原理示意图

随着智能化的发展及行人导航技术的进步，各种形式的行人导航系统正逐步渗透至社会生活的各个方面，对人们的生产生活方式产生了深远影响，显著提高了社会生产效率。行人导航技术也与智慧城市和“互联网＋”等概念结合应用，提升了“行业＋定位”企业级的生产效率。未来，行人导航将成为重要的应用趋势，并具有较高的商业应用价值。其中，惯性导航系统作为行人导航系统的核心，将随着行人导航的普及，越来越广泛地应用于我们的生产生活。

5.6 手术导航与惯性导航

随着立体定位技术和成像技术的发展，手术导航系统越来越多地应用在骨科、神经外科、耳鼻喉科等手术中。手术导航系统是一个复杂的系统，涉及多种关键技术，其中空间定位技术直接决定手术定位精度，进而影响手术效果。

传统的惯性导航器件成本高、体积大，多应用在军事领域和航空航天领域。近年来，随着惯性导航测量技术和制作工艺的飞速发展，惯性导航器件的成本逐渐降低，体积不断缩小，精度显著提高。因此，惯性导航在医疗领域的应用越来越广泛，尤其是在人体姿态监测和手术辅助定位系统中的应用日益增多。基于惯性传感器的手术导航系统能够实时跟踪手术器械的位置和姿态，为医生提供高精度的手术路径规划。特别是在无卫星导航支持的室内环境中，惯性导航技术能够发挥重要作用，提高手术的准确性和安全性。

在骨科手术中，惯性导航系统可以显著提高人工关节与患者骨骼结构的对准精度，减轻术后不适并延长关节使用寿命。例如，在全膝关节置换手术中，惯性导航系统能为手术提供更精确的对准，使植入体与患者自然轴的对准误差小于 3 倍标准差。目前，95% 以上的全膝关节置换手术仍采用机械对准方法，但这种方法的偏差较大。虽然计算机辅助光学对准技术已开始取代部分机械对准流程，但由于设备开销较大，其推广进程缓慢。此外，无论使用机械对准还是光学对准，约 30% 的手术会出现未对准的情况（即产生 3 倍标准差以上的误差），导致患者术后不适。而采用基于 MEMS 惯性传感器的多轴惯性导航测量装置后，全膝关节置换手术的精度能够得到显著改善。此外，惯性导航系统不仅可以提升手术的成功率，还可以缩短手术时间、增强患者术后舒适感并使关节置换效果更持久。

惯性导航系统不仅在骨科手术中应用广泛，还可用于人工难以进入的微创手术环境。2021 年 8 月，首个用于腹腔镜手术的微型机器人 MIRA 在内布拉斯加州林肯市的 Bryan 医疗中心成功实施了第一例手术（见图 5.20）。在此次手术中，MIRA 通过脐部的单个切口顺利完成了右半结肠的切除。值得一提的是，MIRA 微型平台仅重 900 克，不需要配置专用空间或基础设施，具有完整的机器人功能，能够执行复杂的微创单切口多象限腹部手术。目前，MIRA 专注于微创结直肠和下消化道手术。这两类手术临床需求巨大，全球范围内每年开展超 40 万例。MIRA 微型平台的出现不仅大大缓解了该类手术设备不足的状况，还显著降低了腹腔镜手术的费用。

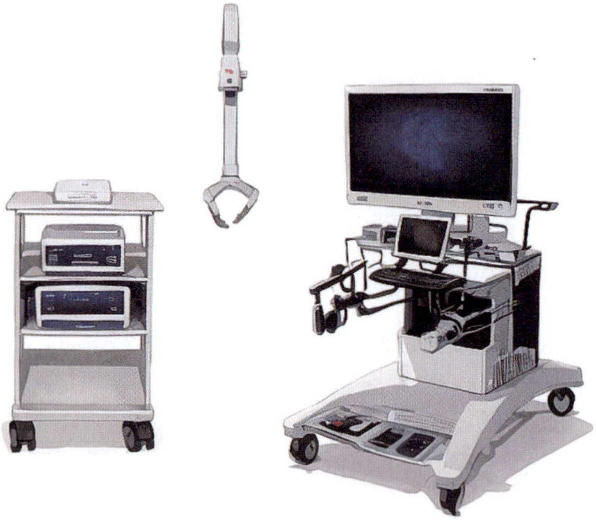

图 5.20 MIRA 手术机器人系统

在国内，由华科精准联合清华大学及多家医院自主研发的 Q300 微型手术机器人系统（见图 5.21），集成了机器人立体定向和手术导航功能，实现了立体定向机器人与神经导航系统的一体化整合，定位精度达到亚毫米级。该款机器人系统可同时满足立体定向穿刺手术和开颅切除手术的双重需求。Q300 微型手术机器人系统由设备主机、手术计划软件、红外光学定位模组、微型机器人模组及手术套件组成，能提供术前规划、自动定位和实时导航。微型机器人模组可根据手术规划实现自动化定位与定向，辅助医生完成脑出血引流、肿瘤活检等各类微创穿刺手术。该机器人采用高精度微机电惯性器件实现定位与定向技术，以确保在室内环境下能精准导航定位，为手术提供准确的位置和姿态信息。

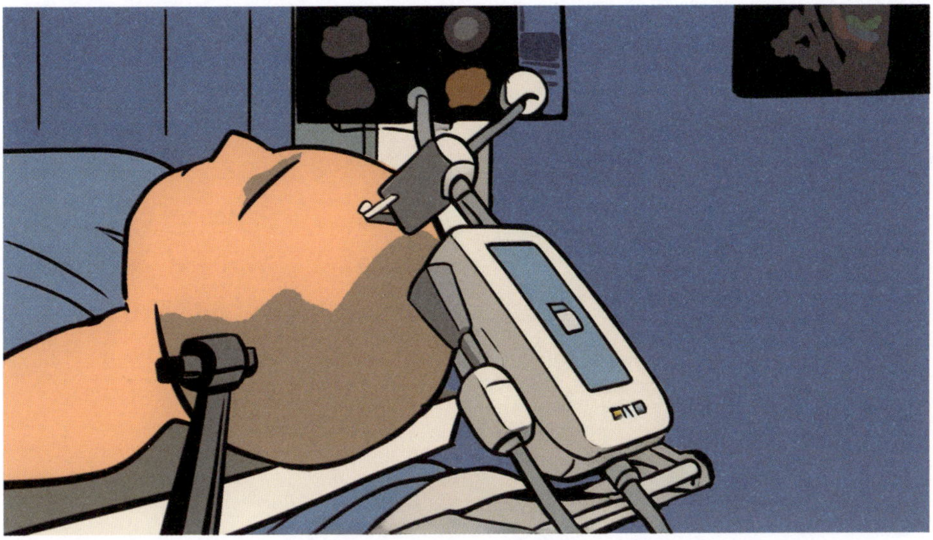

图 5.21 Q300 微型手术机器人系统

惯性导航技术在口腔医学领域得到了广泛应用。随着现代科技的快速发展，数字化种植导航技术已成为现代口腔种植的主流技术方案。基于惯性导航技术的口腔种植导航系统，也称为惯性种植导航定位系统。21 世纪初期，随着惯性导航的普及，该技术被引入口腔种植导航领域，实现了在口腔医学中的创新应用。然而，受限于惯性导航系统固有的漂移特性，其对目标载体定位方面精度仍有待提升。为此，研究人员通常采用多传感器信息融合技术，将惯性导航系统与其他传感器相结合，通过多源信息融合有效降低单一传感器的误差影响，从而显著提升种植导航系统在长时间操作中的精度和可靠性。

目前，口腔医学过程评估系统均基于种植导航的基本思路设计，其根本目的是既可以用于口腔教学，也可用于临床应用。种植手术导航系统在计算机辅助种植手术中发挥着重要作用，它在临床种植导航手术过程中为医生提供手术器械相对于患者口腔病灶区域的位置和方向信息，并指导口腔种植手术安全可靠地完成。在临床应用的种植导航中，其系统结构一般由口腔环境三维种植手机定位系统、计算机图像数据显示平台、导航控制算法、种植导航所需的手术器械组成。

随着口腔种植导航技术二十多年的迅速发展，临床医生种植牙体成功率有明显提升。该技术有效提高了口腔种植导航过程中种植车针在口腔中的定位精度，减少了手术给病人带来的损伤和病痛，并提升了整个种植手术行业的技术水平。

总之，随着惯性导航技术尤其是 MEMS 惯性技术的飞速发展，用于微创手术的手术器械正在进行一场革命性变革。这一技术的发展使得将微传感器、微处理器、微执行器等集成为一个极小空间微型系统成为可能，而这种系统也符合医学领域中微创手术对手术器械的发展需求。基于惯性导航技术的微型手术器械自 20 世纪 80 年代末被引入研究，现已成为科技界惯性导航领域研究开发的热点和重要分支之一。